コロナ危機下の農政時論

田代 洋一

筑波書房

はじめに

通商交渉、農政展開、農協、集落営農を定点観測する農政時論（隔年）を続けてきた。ここ２年を対象とする本書は、コロナ危機を冒頭においた。

新型コロナウイルス感染症は、地球環境が大きく変化するなかで、とりわけ災害列島・日本の歪みをあぶりだした。生活、なりわい、農業を困難にし、人々の意識にも自粛、同調圧力、コロナ差別など様々な影を落としている。感染症等の専門家の見解が様々に分かれ、国が迷走するなかで、人びとは、経験知を寄せ合って連帯を模索していくしかない。

2010年代後半、日本は、TPP11、EUとのFTA（自由貿易協定）、日米貿易協定に邁進し、四海にメガFTAを張り巡らした通商国家になった。折から米中対立が激化し、新冷戦化するなかで、日本どこに行くのか。ワインやチーズが安くなると言っても、毎日を「ワインとチーズの日々」とはいかない。

日本が新基本法で食料自給率の向上を基本理念に据えてから、早や20年がたつ。2020年３月の５度目の食料・農業・農村基本計画も、自給率の引き上げをうたう。しかしカロリー自給率は、ここ数十年一度たりとも上向いたことがない。輸入に９割を依存する半島国家・シンガポールが食料自給率向上に踏み切った。日本は何をすべきか。

農協は、自給率を支える土台の一つだが、現実には信用事業に依存して経営を支えてきた。そのビジネスモデルが、農林中金の金利引き下げで立ちいかなくなった。加えて、コロナ危機が「人と人との結合」という協同組合の根幹を襲った。農協は「食と農を基軸として地域に根ざした協同組合」の未来像をどう切り開いていくのか。

集落営農は、高齢化と後継者不在に悩む日本水田農業の新たな担い手の期待を担って、地域内部からたちあげられた。しかし一段と高齢化が進み、農業の採算性が悪化するなかで、国の助成への依存を強めざるを得なくなっている。集落営農の具体的なあり方は西日本と東日本で異なる。そのような地域性を踏まえながら、集落営農のこれからを考えたい。

2020年、日本と日本農業はその屋台骨を激しく揺すぶられている。そこにコロナ危機の奔流（濁流）が襲いかかった。その自粛生活のなかでとりまとめた本書は、現場感覚や対話を欠いている。それをカバーできる日に備え、とりあえずのメッセージを送りたい。初出時のスタンスを保つため、「です」調と「である」調は敢えて統一していない。

2020年８月20日

田代　洋一

目　次

第１章

コロナ危機を考える

はじめに

本章は、コロナに関する2020年８月前半までの報道を手がかりとして、そこでの課題を中心に考える。

第１節は、2020年４月末に執筆した（５月上旬の校正時に補筆)。本書に収録するにあたり書き改めようとしたが、捉え方の枠組みを変えるには至らなかった。そこで第１節は字句の修正にとどめ（ですます調)、第２節で、その後の報道をふまえて項目ごとの補筆を試みた。何とも体裁が悪くなったが、第１節は、本書全体の序章として読んでいただければ幸いである。

第１節　コロナ危機があぶりだす日本の課題

１．コロナショックをどう受け止めるか

集団免疫論の憂鬱

人との接触を８割減らす「自粛」生活とか、学校教育、経済活動を事実上ストップする「緊急事態」は一体いつまで続くのでしょうか。先がみえないなかで目につくのが集団免疫論です。集団が自然感染なりワクチンで一定程度の免疫を獲得すれば終息するという免疫学上の考えです。

カミュ『ペスト』（宮崎嶺雄訳、新潮文庫）では、４月のネズミの狂い死にから始まったフランス植民都市オランのペストは、１年後に「突然の退潮」をみます。その時には主要な登場人物のほぼ半分が亡くなっていました。もし感染≒死とすれば、集団免疫率５割で「突然の退潮」ということでしょ

うか。

週刊誌も「現状、残された手は『結果的集団免疫』しかないというのが厳然たる事実」と述べます[1]。厚労省も４月下旬から抗体検査を始めました。これは集団免疫の程度を見ることにもなります。

山本太郎『感染症と文明―共生への道』（岩波新書、2011年）は、集団免疫に始まり、集団免疫で閉じられており、そこからヒトと感染症の「共生」が説かれます。しかし人類史的な時間軸での「共生」と、眼前の危機との間には大きな隔たりがあります。

岡田晴恵・田代眞人『感染爆発にそなえる―新型インフルエンザと新型コロナ』（岩波書店、2013年）も、「新型インフルエンザの脅威は結局、免疫をもつまで終わらない」（60頁）としています。同書は2009年のインフルエンザ・パンデミックが大事に至らなかったことから、日本では新型インフルに対する危機管理意識が薄れ、「事後対応に重点」がおかれたとして、今日の事態を不幸にも予測していますが、前述の集団免疫論との関連は読み取れません。

出口戦略をもとう

集団が免疫を獲得すれば終息するといわれても、それは結果論であり、その時には死者累々となったのでは慰めにもなりません[2]。緊急事態宣言（４月７日）には、アベノミクスの異次元金融緩和論と同様、「出口」がありません。

平野俊夫氏（元阪大総長）のブログ「過度に恐れる必要はない、決して甘くみてはいけない‼」（３月27日）によれば、感染症が終息する集団免疫閾値（集団が免疫を獲得する割合）をHとすると、H＝（1－1/Ro）×100で示されます（Ro実効再生産指数…一人が何人に感染させるのかの人数、Ro＝2.5

（１）『週刊現代』2020年４月25日号、47頁（以下、今年について年号略）。
（２）集団免疫論をとったかに見えるスウェーデンでは感染者が急増している。

人なら60％)。

そのうえで平野氏は、「なにもせずに放置すれば急激に感染者が増加する代わりに終息に向かう期間も短くなりますが、その間に多くの人が重症となり医療機関が対応できなくなり…医療崩壊により多くの人が死亡することになります」として、感染スピードを抑える政策の決定的重要性を指摘します。

本庶佑氏（生理学・医学ノーベル賞受賞）は、「非常事態宣言を出したが、それには出口戦略を明確にすべき。今年中は感染者がゼロになることはないだろう。大事なことは死者が減ること。治療が大事。ワクチンは次のラウンド」と「出口戦略」を強調します（BSフジ、４月22日）[(3)]。緊急事態宣言下の日本に欠けていたのはこの出口戦略です。

ドイツのメルケル首相は、「治療薬やワクチンが発見されるまでの間に出来ることが一つだけある。それは感染の拡大速度を落とし、その何か月もの間に研究者が薬品とワクチンを発見できるよう『時間稼ぎをする』ことだ」と述べています（３月18日テレビ演説の要約)。

この時間稼ぎ戦略に耐えるには緊急事態宣言は限界があります。感染速度等を見極めつつ、創意工夫をこらして一定の社会生活や経済行動を継続することが必要です。でないとウイルスを封じ込める前に人格も社会も経済も崩壊してしまいます。活動再開には、例えば大学なら、講義はオンラインでやるが演習や卒論指導は対面でやるといった工夫があり得るでしょう。

出口戦略にはもう一つのテーマがあります。すなわちコロナショックの現実のなかにポスト・コロナショックの「この国のかたち」を探ることです。以下はその点を考えます。

（3）本庶氏は続けて「大体、この種のウイルスに有効なワクチンはない。…と言って新薬は期待できない。時間がかかる。今ある薬が効くかどうかを徹底的に調べるべき」とする。

2．国家とグローバリゼーション

国家の責任と補償

緊急事態宣言については、憲法学者も「事実に基づく医学的判断」を尊重しつつ、政治判断にゆだねられる場合も「『諮問』という位置づけの専門家会議が客観的に判断を示すことが重要」と指摘しています[4]。

安倍政権は極めて強権的姿勢で立ち上がり、コロナショック対応でも当初は首相独断がめだちましたが、強い批判を受けると、今度は「専門家の意見を伺ったうえで判断」と「専門家」への丸投げが目立ちます。

こうなると政治判断の基となる専門家会議の意見が決定的です。しかし同会議の「新型コロナウイルス感染症対策の状況分析・提言」（５月４日）には疑問があります。提言では、我が国の人口当たりのPCR検査数が少ないことを認めつつ（10万人あたり検査数は、英・仏・韓が1,000人前後、米・スペインが2,000人前後、独・伊は3,000人超に対して、日本はたった188人で二桁違いに少ない)、日本では陽性率は低いから（5.8%）「潜在的な感染者をより捕捉できていないというわけではない」としています。しかしお隣の韓国は陽性率1.8%と低いですが、人口当たり検査数は1,198人と日本の６倍で、陽性率が低かったから、結果的に検査数が少なくても問題なかったとはなりません。

『提言』は、検査数が少なかった理由として、SARSやMERSの時にも「国内で多数の患者が発生するということがなく、地方衛生研究所の体制の拡充を求める声が起こらなかった」からとしています。それに対して岡田知弘氏（京都橘大）は、1990年代なかば以降の新自由主義的「改革」で、保健所・医師・検査技師の数が半減された事実を厳しく指摘しています[5]。検査数の少なさは「声がなかったから」ではなく、政府が意図的に削減したからで

（４）石川健治「緊急事態とは何か　長い歴史が教える立憲主義の正道」朝日新聞、４月17日。
（５）岡田知弘「『コロナショック』に立ち向かうために」『議会と自治体』５月号。

す。

専門家会議の副座長の尾身茂氏は、もともと「日本ではコミュニティーの中での広がりを調べるための検査はしない」としており[6]、そのような国の適応不全をかばう姿勢です。

専門家会議の「専門家」たる所以は、第一に、政府べったりでなく、学会等から選ばれた感染症分野の優れた研究者であり、第二に、政治判断に根拠を提供する以上は、専門領域を越えた幅広い社会的視野をもつ者であり、第三に、感染症に限らず社会政策や危機管理、リスク・コミュニケーション等の専門家が加わるべきです。

緊急事態宣言の手法は「要請」すなわち「自粛」です。それは一見マイルドで、いかにも基本的人権や営業の自由に配慮したようにみえますが、実は、日本人の遵法精神の高さや同調圧力に弱い性格を利用し、国家の行政責任を新自由主義的な「自己責任」にすり替えるものです。

それに対し、そもそも権力と権限をもつ国家がそれを行使することの責任を明確にし、それに伴う経済的損失をきちんと補償することが必要です。私は緊急事態法に補償責任を明記すべきと考えます[7]。自己責任論や「お上」への同調圧力、「忖度」が強い国ではなく、国民の基本的人権と国家の行政責任のバランスを調整するメカニズムが明確な「この国のかたち」が求められます。

---

(6) 4月1日記者会見、朝日新聞、4月16日。また5月11日には参院で、感染者数は実は10倍か、15倍か、20倍か、誰もわからないと発言した（同5月12日)。

(7) 災害に伴う休業補償について、それには莫大な費用がかかり、費用負担を考慮して発動を躊躇すれば災害関連法の制度を崩壊させる恐れがあるとして、否定的な見解もある（永井幸寿「新型コロナウイルスと緊急事態条項」『世界』2020年5月号)。しかし災害に伴う避難勧告、立ち入り制限等は主として当事者自らの安全や災害回避等のために行われるのに対して、感染症に伴う措置は自らを含む公共の福祉のために営業の自由等を制限するわけで、災害一般と同日に論じるべきでないと考える。

グローバリゼーションの変容

コロナショックの瞬時的全地球化により、国境は封鎖され、グローバルなサプライチェーンは寸断され、資本投資・直接投資は途上・新興国から本国内に引き上げられたり、分散化されたりしています。これをもって「グローバリズムの後退」とみる見解（藤原帰一（東大)、朝日４月15日）もありますが、それはグローバリゼーションを経済活動や人の移動としてのみ捉えるからであり、それに対しパンデミック自体をグローバリズムの現局面、その負の側面の発現とみるべきです。

第一に、アングロ・サクソン的な新自由主義的グローバリズムの破綻をあからさまにしました。「グローバル大競争」最優先は、各国政府に医療・社会保障分野での緊縮財政・「小さな政府」を強いましたが（先の日本の検査数の少なさもその典型)、コロナショックはその弱点を突き、医療・介護崩壊を引き起こしています。それが先進国なかんずくアメリカやイタリア等で被害が大きい一因であり、日本も大きな弱点を抱えており、今や格差が著しく医療体制が脆弱な新興国・途上国での急増が懸念されています。

また新自由主義的グローバリズムの支配下で各国間・各国内での格差が拡大しましたが、コロナウイルスは格差底辺の非正規雇用・不安定就業者、黒人・ヒスパニック等のマイノリティーを直撃することで、生存権格差を拡げました。

コロナショックは、経済（企業や人の移動）のグローバル化に比してそれを管理する国際機構のグローバル化が進まないというグローバル化の跛行性をあからさまにしました。英国の元首相が「一時的な世界政府の樹立」を呼び掛けたのもむべなるかなです。

第二に、グローバル化がそこでの覇権争いにより米中対立を激化させ、パンデミック対策の国際協調を困難にしています。アメリカは自国第一主義と反中国姿勢をより鮮明にし、パンデミックに対する国際協力を主導するどころか、WHOへの拠出を中国寄りを理由にやめるなど反国際協力の立場をとり、あげくは国内管理もできず、５月12日現在で世界の感染者数の32%、死者数の28%を占める世界最大の感染国になってしまい、その責任を外部転嫁しようと必死です。

対して中国は、アメリカに代わってグローバリズムのイニシアティブを握るべくWHO等の国際機関への影響力やマスク外交を展開しています。ただし、武漢での封じ込めに失敗したものの、その後は国際社会への情報発信を強めています。

アメリカは「中国ウイルス」(トランプ)、「武漢ウイルス」(ポンペオ) 呼ばわりし、中国は米軍が武漢にウイルスをもちこんだとし、すると今度はアメリカが中国科学院武漢ウイルス研究所からウイルスが流出したと応酬しています。米中ともに感染症と軍の関係を強く意識している点で同じ穴の狢です。この騒ぎの中で中国は南シナ海に行政区を設け実効支配を強化し、西太平洋全域に空母巡回させており、アメリカも南シナ海に艦艇派遣しました。

アメリカがポスト冷戦時代の覇権国家たりえたのは、J. S. ナイによれば[(8)]、ハードパワー (軍事と経済) のみならずソフトパワー (文化、価値観、同盟関係) によるものです。しかるにトランプは、その切り札のソフトパワーを投げ捨ててしまいました。体内への日光照射、消毒液注入などを口走り、マスクを嫌う人物を大統領に据えたことは、「アメリカの世紀の終わり」を告げます。かといって、武漢でのコロナの封じ込めに失敗し、しかしその情報を隠蔽した中国がアメリカにとって代われるわけでもありません。

米中ともに冷戦時代のように世界を二分する軍事同盟を築けるわけではなく、世界は覇権国家なき多極化グローバリゼーションに向かうのではないでしょうか。そのようななかで、そこでは経済グローバル化の速度のマイルド化[(9)]、独走しがちな経済グローバル化を国際的にコントロールできる仕組みの創出が課題になります。米中対立の狭間に位置する日本こそがそれに貢

---

(8) J. S. ナイ、村井浩紀訳『アメリカの世紀は終わらない』日本経済新聞出版社、2015年。

(9) ダニ・ロドリック、柴山圭太等訳『グローバリゼーション・パラドクス』白水社、2013年。

献すべき立場にありますが、そのためには国の安全保障をアメリカの核の傘に求めつつ中国との経済的取引を深めようとする「この国のかたち」を変えていく必要があります。

3．ポスト・コロナ社会に向けて

成長至上主義からの脱却

コロナショックはリーマンショックを越え、1929年世界大恐慌に迫るともされています。IMFは成長率をリーマンショック時の△0.1％に対して△3.0％（ユーロ圏△4.5→△7.5％、アメリカ△2.5→△5.9％、日本△5.4→△5.2％、中国＋9.4→＋1.2％）とみています。J.スティグリッツは1929～33年のアメリカの失業率は25％、今回は15％とみています（読売４月26日）。WTOは世界貿易が32％減、北米とアジア、電機と自動車の減りが大きいとしています。ILOは世界の労働時間が1.9億人分（6.7％）減るとしています（以上４月なかばの報道）。

リーマンショックは〈金融破綻→実体経済〉という金融恐慌のプロセスをたどりましたが、コロナショックは逆に、〈消費→需要→流通→製品・サービス〉の経路で実体経済なかんずく供給面の崩壊が起こり、それが〈企業収益低下→資金ショート→株価・証券価格下落→金融危機〉に至ろうとしています。需要の蒸発から始まる恐慌は歴史上かつてなかったのではないでしょうか。

リーマンショック時にはとくにCDO（債務担保証券）の破綻が注目されましたが、その後継としてのCLO（低格付け企業への融資を束ねて証券化したローン担保証券、超低金利で価格上昇していた）の下落（→保険等のノンバンク危機）が起こりかねず[(10)]、日本も農林中金を始めCLOを大量に抱え込んでおります。

日銀の３月短観による業況判断（業況が「良い」比率から「悪い」比率を

(10)金子勝「新型コロナ大恐慌にどう立ち向かうか」『世界』2020年５月号。

差し引いた数字）では、情報サービス・通信・電気ガスはプラス、対事業所サービス・食料品・機械等は△20％以内ですが、卸小売・自動車・生産用機械は△20～30％、鉄鋼・繊維・宿泊飲食サービスはさらに厳しい状況です。対米中輸出に頼ったアベノミクス成長戦略は破綻しました。

当面は財政支出と損失補償による消費下支えが不可欠ですが、コロナ恐慌後の経済は一変するでしょう。

第一に、経済成長を追い求めたグローバル化がコロナ危機の一因とすれば、経済成長至上主義からの脱却が不可欠です。経団連でさえ、「感染症対策、地球温暖化対策など、グローバルに団結して取り組まねばいけない課題の重要度がいっそう高まる」としています[(11)]。外出「自粛」、自宅勤務は、その経験に基づく「働き方改革」を推し進めることになります。

第二に、コロナショックが余儀なくさせた経済やコミュニケーションのデジタル化、オンライン化が進みます。それに応えるには、日本が手抜きしてきた研究開発への注力やICT（情報通信技術）投資が不可欠になります。その進展は低熟練労働力の排除につながりかねませんが、その職業訓練と新たな産業起こしによる再雇用が必要になります[(12)]。

第三に、「対外ショックに強い内需の厚い地域分散ネットワーク型の経済に転換」[(13)]することです。コロナショックで在宅勤務を余儀なくされたことが、遠隔勤務の可能性を示唆します。

以上のためには、内部留保をICT投資と労働分配率や労働能力の引き上げに用い、それに依拠した経済成長から利潤を回収する経済システムへの転換が求められます[(14)]。

---

(11) 中西宏明経団連会長、『週刊　東洋経済』2020年４月25日号。

(12) 諸富徹『資本主義の新しい形』岩波書店、2020年。

(13) 前掲・金子論文。

(14) 前掲・諸富著。

内需を深堀する農業へ

このような産業転換のなかに農業をどう位置付けるのか。アベノミクスの一環として農漁業も輸出産業化が強く推し進められ、観光立国によるインバウンド消費が期待されましたが、コロナショックでアベノミクスの農業輸出産業化は破綻しました。

牛肉・カニ・マグロ・ウニ等の高級食材の需要・価格がダウン、青果物の業務需要落ち込み（スーパー仕向への転換も困難）、花き類も需要縮小、学校給食用牛乳のチーズ・バター等加工仕向け等の影響が出ています。とくにストックが利かない生鮮品の販売困難は致命的です。また欧米では外国人労働力の調達困難が生産に響いていますが、日本でも影響が出ています。

ロシアとその周辺国、ベトナムなど13か国が穀物等の輸出の禁止・枠設定を行い、今のところ日本への影響は限定的とされますが、自給率の低い日本では「海外からの輸入が細ると、国内価格が上昇しやすい」ことが懸念されています[(15)]。FAO、WTO、G20農相会議等は、過度の輸出制限をしないよう求めていますが、日本が自らの自給率の低さを棚に上げて輸入国の立場を主張することは説得力を欠きます。日本は、これまでの「工業生産力モデルを再考し、賢く『食と農』の再建を図らねばならない」[(16)]。

欧米では、牛肉も外食よりもテーブルミートの家庭内消費が期待され、支出を増やす最多項目はオーガニック食品だとされています。人々は外食から中食・内食へ（「テイクアウト」ブーム！）、輸入品から国産品へ、有機食品へと生活価値観を変えつつあります。日本農業もまた内需の深堀りに注力し、それを支える国民的課題（若い世代の非正規就労からの脱却や労働分配率の向上による購買力強化）に連帯の目を向ける必要があります（新労農同盟）。

コロナショックによる農業所得減のなかで、収入保険が注目されていますが、その加入は2020年４月末で3.5万戸弱たらずです。災害列島化するニッ

---

(15)読売新聞、４月17日。TPP推進の急先鋒だった読売が自給率の低さを憂えるのは注目に値する。

(16)寺島実郎『日本再生の基軸』岩波書店、2020年。

ポンにあって先進国農政に共通する直接所得支払政策への転換が不可欠です。また花き・園芸作など直接支払いになじまない分野の手当てが求められます。

中山間地域をはじめとする高齢化や労働力不足、若い未熟練労働力の活用等を考えれば、ドローン利用などスマート農業化も一段と進みます。個別では高価すぎる機械、求められる操作能力の確保には一層の協同の取り組みが必要です。農業に限らず協同の動きが各分野にみられだしたのもコロナショックの特徴です。

国土利用構造の転換

コロナ対策として、密集・密接・密閉回避が求められていますが、三密は過密都市の特性そのものです。日本の患者数の70％弱を三大都市圏（人口比率50％）が占めます。アメリカでも感染者はニューヨーク州に集中しています。

日本は高度経済成長期に、加工貿易立国として対米貿易向けにシフトした太平洋ベルト地帯を形成し、さらにバブル期に東京一極集中を強めました。そのことにより後背地では過疎化が極端に進みました。集落の人間活動が希薄化すると野生動物が山際から里へとテリトリーを拡げ、地域の生態系が崩れていきます。そしてウイルスは宿主である野生動物を介してヒトに感染します。

極端な過密と過疎が隣り合わせの日本の国土利用構造はウイルスにとって格好の場です。生活の安全・安心のためにも、太平洋ベルト地帯偏重型の国土利用構造を、前述の「地域分散ネットワーク型の経済」に変え、里の賑わいをとりもどし、農山村の持続性を高めていく必要があります。若者を中心にした田園回帰の動きがその手始めになるかも知れませんが、そのような動きを確かなものにするには、国土利用構造そのものの転換が必要です。

第２節　コロナ危機の長期化―第１節への補注

１．集団免疫と出口戦略

新型コロナウイルス感染症（以下「コロナ危機」とする）は、当初、３月が山場と言われたが、その後、４月７日に緊急事態宣言が発せられた。５月25日には全国解除されたが、７月に入る頃から東京をはじめ感染者が再び増加しはじめ、１日当たり感染者数は４月の第１回のピークをはるかに超えた。主要都市では感染経路不明者が６割以上を占め、夜の繁華街を家庭内感染が上回り、高齢者にも拡大している。

「第二波」といった捉え方もあるが、確たる定義に基づくものではなく、「自粛」で一時的に抑え込んだものの再燃だろう。PCR検査数が増えたが、それにより通常は低下するはずの陽性率が高まっている。それはこれまでの検査数が「掘り起こし」に極めて不十分だったことを示唆し、とくに無症状感染者を発見するPCR検査体制の抜本的な拡充が急務になっている。緊急事態宣言というカードを一度切ってしまった安倍首相（もはや「政府」とか「官邸」のまとまりも感じられない）には、いま一度カードを切るだけの政治力はなく、国の政策は混迷し、国民や地方自治体は自らの経験を判断に頼らざるを得なくなっている。

第１節を執筆した頃には、「集団免疫」論が目につき、また「出口戦略をもて」の声が一部知事や識者から発せられていた。「出口戦略」の「出口」とは、直接には緊急事態宣言の解除を指したのかもしれないが、求められている「出口戦略」とは、コロナ危機からの脱却戦略であり、何をもって収束とするのか、そこに至るプロセスをどう描くかである。

集団免疫論をめぐって

出口戦略は集団免疫論と密接に絡む。集団免疫の獲得も出口戦略の一つである。しかし日本では、専門家は、抗体保有者に免疫ができるか不明、現段階での抗体保有者が少ないことなどから（６割程度の保有が目安のところ数％に過ぎない)、「集団免疫、社会免疫により、新型コロナウイルスが収束するという考えは、現段階ではあまり現実的ではない」と指摘する(17)。別の専門家は「一度獲得した免疫が長期間にわたり続くことが集団免疫の前提」であり、「免疫が半年しか続かなければ、集団免疫はいつまでたっても獲得できません」、「安くて良いワクチンが出来るのには２年以上かかるでしょう」としている（宮坂昌之（阪大)、朝日2020年７月18日、以降、2020年の記事については年号を略す)。WHOも12〜18カ月でのワクチン実用化を目指すとしている。関連分野の専門家からは集団免疫という方法は聞かれない。

集団免疫をめぐって、第１節の注（２）で、「集団免疫論をとっているかに見えるスウェーデン」とした。スウェーデンは、「ロックダウンどころか、休業・休校も、外出禁止も実施しない」「上からの『規制・統制』ではなく、理性ある国民へ呼びかける形で行われる」「持久戦型の戦略」をとり、「新しき時代を形成する国民運動による『コロナ危機』の対応を考えている」ということなので(18)、やはり集団免疫獲得戦略にたつといえよう。

「理性ある国民へ呼びかける」(「国民の理性」ではなく）戦略は成功すればすばらしいだろうが、問われているのは具体的な「戦術」の有効性である(有効ならば全て良いというわけではないが)。その点で、人口100万人あたり新型コロナウイルス感染症死者数は、ベルギー836.6がトップ、スペイン、イギリス、イタリアと続き、スウェーデンは５位で500.3、世界平均59.8、日本は7.5、韓国5.5、中国3.2、台湾0.3などである（６月21日現在）(19)。

これはあくまで初期段階の数値に過ぎないが、人口当たり死者数は、欧米が高く、次いで南米、そして中東・アフリカで、アジアは低い。そこから

(17)『新型コロナはいつ終わるのか』宝島社、2020年５月、での岩田健太郎（神戸大）発言。
(18)神野直彦「『危機の時代』と財政の使命」『世界』2020年７月号。
(19)朝日、６月27日、出典は札幌医大フロンティア研『ゲノム医科学』。

「生活習慣や文化、医療体制の差だけでは最大100倍以上の差は説明しにくく、獲得した免疫など、根本的な違いがあるという見方が強くなっている」（朝日、６月27日）。

その実証は後のことに属するが、現在はその仮説の上に、それぞれの地域・国に即した対策を講じつつ、国際協力する時である。他地域と比較して高い、低いを言っている時ではなく、いわんや「民度」など口走るべきではない。

出口戦略

集団免疫に頼れないとしたら、安全・有効なワクチンが開発され、人口多数に投与できるようになる（ワクチンを通じて集団免疫が獲得される）まで、コロナ危機は続くという見通しの下に、その間の感染症・重症化の防止と社会活動の折り合いをどうつけていくかが出口戦略の要になる。後者については流行のタイミングを計ってアクセルとブレーキを踏むしかない。

その点で、この間、経産省主導の観光支援策「Go Toトラベル」事業、そしてお盆帰省が大きな争点になった。観光業はコロナで最も落ち込んだ産業であり、その緊急支援策の必要性について異論はないが、タイミングと方法をめぐっては批判が続出した。

経緯の詳細はマスコミ報道によるとして、第一に、８月中旬からの計画が、夏休み需要を取り込むということで前倒しされ、その発表が都の感染者数が急増の日になされた。政府はブレーキを踏むべき時にアクセルを踏んだ。

第二に、それは実はたんなるタイミングの問題ではない。官邸は一貫して経済優先であり、二度と緊急事態宣言などだす気もなければ、経済活動を適正化する措置をとる気もない。はじめから経済優先では出口戦略にならない。県の反応も分かれたが、問題は安全をとるか経済をとるのかである。

第三に、方法的には東京都への観光、都民の都外への観光は除害された。東京を外すのは、これまで首都圏一括で行われてきた施策のあり方と異なり、そもそも公平性に欠ける。都は原資となる税金の最大の負担者でもある。また給付申請には宿泊の事実を裏付ける第三者機関との契約が必要であり、大手旅行業者を潤す仕組みである。

第四に、後述する専門家会議の後身の分科会は「開始の判断に時間をかけるべき」と提言したが、政府は退けた。問題はこの事業とタイミングが感染症防止に適合的か否かで、それは専門家の意見を十分に踏まえるべき事項だが、政府は「混乱が生じる」と退けた。であれば早めに諮ればいいことで、真の理由は経済にかかわる政策について聞く耳はもたないからである。

第五に、お盆帰省への対応も含めて、根本のところは「自粛」論の延長、すなわち国民の自己責任論にある。

観光については、既に多くの県が取り組んでいる県・地域内限定の支援策に切り替える方が適切である。「民族大移動」とも称されてきたお盆帰省については、政府としての見解を明示すべきである。

２．国家の責任と補償

平成の政治改革

ざっと振り返ると、１月中旬、国内の感染者が現れたにもかかわらず政府は注目せず、問題の始まりは２月上旬の横浜港停泊の大型クルーズ船での大量発生からと言える。その頃に専門家会議も立ち上げられる。その専門家会議が２月下旬、「ここ１～２週間が瀬戸際」の見解を発し、安倍首相は閣内の反対を押し切って２月27日に一斉臨時休校の要請に走った。新聞報道では今井首相補佐官の進言によるとされる。同時期、経産官僚によりアベノマスク配布案が持ち込まれ、これまた４月はじめに第一次補正予算案に押し込まれた[(20)]。これらは官邸独走が首相独走に極まった例である。官邸迷走後に起こったのは、閣議決定までされた政策の相次ぐ変更という内閣迷走である[(21)]。官邸独裁からその崩壊へと事態は一挙に推転した。

---

(20) アベノマスクが「役に立った」人は15%、「役に立たなかった」は81%（朝日新聞の６月20、21日世論調査、７月28日）。あまりの失策と税金の無駄遣いだが、プロセス抜きの政策決定の当然の帰結である。

これはたんなる一内閣の問題か、それとも平成の「政治改革」の一帰結かが問われる。平成の政治改革は、政権交代可能な小選挙区制と内閣機能強化を二大目的とした[22]。その頂上にたったのが第二次安倍政権であり、そこで起こったのが官邸独裁、首相独断である。閣僚経験や、ルールに乗っ取って組織を動かす経験なしに頂点に立った安倍首相が頼るのは、強められた首相権力と「お友達」であり、それに経産省がつけこんだ。このような帰結から、平成の「政治改革」そのものが厳しく検証されるべきである。

他方で、知事の活躍や発言は活発であり、生活上の危機に対する地方自治の重要性を明らかにした。「政治改革」はその面からも評価されるべきかもしれない[23]。

政治と専門家

「専門家の意見も聞かないで」という批判に対して、首相は法的位置づけもない専門家会議を前に出し、記者会見に同席させて発言をうながし、政策決定の責任を専門家会議に押しつけた。第1節は専門家会議について批判的であり、その点は今も変わりないが、経過をたどれば「専門家会議が前に出過ぎたという批判は確かにあった。だが、その責任の多くを負うのは政府の側というべきだ」(6月26日、朝日、社説)。筆者は批判の矛先を間違えていた。

官房長官は、同会議は「政策の決定または了解を行わない会議等」だとして議事録を残さなかった（同5月30日）[24]。しかるに官邸は、危機的な状況に対応できず専門家会議に政策決定まで任せた。同会議は、そのことに疑

---

(21) 批判の声で政策が変更されること自体は歓迎されるべきだが、政府内で熟議されていないが故の変更だとすれば、政権崩壊の兆しである。

(22) 待鳥聡史『政治改革再考』新潮選書、2020年。

(23)『中央公論』2020年8月号特集「コロナで見えた知事の虚と実」、御厨貴「コロナが日本政治に投げかけたもの」村上陽一郎編『コロナ後の世界を生きる』岩波新書、2020年。ただし声の大きい知事は従来から新自由主義的な主張を繰り返してきた。

問を感じつつも、国民への責任感から緊急事態に対応せざるを得なかったのだろう（「前のめりだとか、専門家会議の役割として逸脱するかもしれないという意識はあったが、我々が発言しなければ、専門家としての責任が果たせないとの思いで、がむしゃらだった」。尾身副座長、同、６月24日）。

そうではあるにせよ、「専門家会議の提言は３月中旬から次第に、専門家が厚労省とともに作る」（同６月25日）ようになったのはおかしい。「専門家」が行政と一体化したら、「専門家」の権威（？）を行政が利用することになり、専門知が信頼を失う。

とはいえ専門家会議は、緊急事態宣言の解除条件等をめぐり政府と対立したりして、政府としては邪魔になりつつあった。同会議が専門家本来の立場に戻ろうとしたまさにその時（６月24日）、「お役御免」になった。専門家会議メンバーの2/3は新たな「分科会」に移行するが、後に残るのはイエスマン審議会の一員としての役割しかない[(25)]。

国民が専門家や行政に期待するのは、各時点までに採られた対策の適否・有効性の検証だ。感染源の判明・未判明の割合、前者の場所別・催事別・人間関係別等の割合など。行政は嫌うだろうが概数でもよい。報道でも登校(授業)、交通機関、量販店、屋外等での感染はあまり聞かれない（対策が功を奏しているのかもしれないが)。エビデンスの公開されない政策は、次のステップのためにも有益でない。

自粛とは何か

「忖度」とか「自粛」とか、主語と責任のはっきりしない難解語が多用さ

---

(24) イギリスは初期の政策を誤ったが、その誤りを非常時科学諮問委員会（SAGE）は議事録に残していた（朝日、８月７日)。

(25) 専門家会議の評価としては本堂毅（東北大）「感染症専門家会議の『助言』は科学的・公平であったか」、『世界』2020年８月号。Go Toトラベル事業について、尾身会長は分科会で判断に時間をかけるよう発言したが、採用されなかった（朝日、７月30日)。分科会は経済優先の承認会議のようである。新藤宗幸「専門家よ　利用されるな」（朝日、８月21日）は鋭い。

れるのが時代の風潮だろうか。「自粛」とは、緊急事態宣言に基づく知事の「外出しないことの要請」等（45条）に応えることである。広辞苑では「自分で自分の行いをつつしむ」とされ、新明解国語辞典は「自分の言動に対する反省に基づき、自分から進んで慎むこと」とされる。「反省」が入ると、「悪事を働き悪うございました」という事実上の他律になる。ともあれ、行政は「お願い」するだけ、行うのは国民であって、その責任は行為者である国民にあるというわけである。

そんな「緩い」措置が一定の「功」を奏したかに見えたことが、海外からは不思議がられ、麻生副総理は「民度」が高いことを自賛する。海外が不思議に思ったのは、日本人の権利・義務の意識の乏しさだろう。国内では、同調圧力の強さからの説明がある。そのさらなる背景として、日本では「『空気』や忖度と表裏一体の『農村型コミュニティー』に傾きがち。外出を自粛しない人を非難するような『相互監視社会』『ムラ社会』と重なります」として、『都市型コミュニティー』と対比する「解説」もある(26)。「相互監視社会」は「コロナ警察」の登場により証明された。

「むらコミュニティ」は、歴史的には、外部からの「敵」に対して一致団結して戦ってきた。しかしそのような「むら」は市場メカニズムによって破壊され、新自由主義によりとどめを刺された。代わって砂粒化した「ばらける」人々に注入されたのが新自由主義の「自己責任」論だった(27)。この「自己責任」に訴えたのが、「自粛」要請ではないか。国家権力の責任の、国民の「自己責任」への転化である。

それに対して、第１節で引用したメルケル首相の演説は、「州と国の合意に基づくこれらの閉鎖は厳しいものであり、私たちの生活と民主的な自己理解を阻むことも承知」と、国家権力を発動することの強い自覚と責任にたっている。

---

(26)広井良典（京大）「横並び意識転換　今こそ」朝日、５月28日。このような説は、稲作社会のあり方に日本人の意識の「古層」をみる丸山眞男にさかのぼる。

(27)伊藤昌典（成蹊大）「自粛警察と新自由主義」『中央公論』2020年８月号。

それが受け入れられたのは、国民の国家に対する信頼だろう。しかるに安倍政権は、その調達すべき（しうる）最大の資源を、「桜」問題や「森友・加計」問題等に続き、コロナ渦中における検事長の定年延長問題で決定的に踏みにじった。個々の問題への批判はそれとして、コロナ危機をめぐる最大の政治問題がそこにある。そこでできるのは、せいぜい「自粛」要請だった(28)。

各国が採った感染症対策と、その（当面の）効果には大きな差がある。国家権力が「強い」権威主義的国家の断固たる措置が、あるいはITによる監視社会化が功を奏し、少なくとも主観的には人権を重視する自由主義国家が劣ったというのが一応の評価である。そこでは国家権力と個人の自由が二者択一的にとらえられがちだが、果たしてそれでいいのか。

自粛と補償

国民一人一律10万円という「特別定額給付金」の本質は何なのだろうか。国は当初、緊急経済対策による自治体への臨時交付金について、「国として事業者の休業補償を取る考えはない。従って交付金を事業者の休業補償には使えない」とした。引っ込めた個人・中小業者への100～200万円限度の現金給付案も、「補償」ではなくあくまで「支援」策だとした（西村経済再生相、朝日、４月14日）。

ということは先の10万円も「コロナお見舞い金」「自粛協力お礼」というところか。筆者は、一律10万円にとってかわられるまえの減収世帯に１世帯30万円の限定給付案の方が、筋だけは通っていると考える。なぜなら、そこには「減収に対する補償」という論理が入ってくるからである。

一律10万円は、減収世帯限定給付の限界に対する与野党批判を受けて首相が４月16日に表明したが、それは緊急事態宣言の全国拡大と同時だった。そのタイミングからすれば、10万円には「自粛」全国化に対する「補償」の意

---

(28) グーグルのスマホ位置情報データに基づく分析では、日本人の外出抑制は最大でも４割で、諸外国より低い（朝日７月29日）。「自粛」という方法は客観的には功を奏していない。

味合いがないでもないが、実際には首相が与党に妥協する口実として全国化を利用しただけだろう[29]。

なぜ国は休業補償等をしないのか。いくつかの法的説明がある。

第一は、第１節の注７に紹介したように、大規模災害に伴う規制に対する補償について、莫大な費用を伴うことから疑念が出されている。費用は確かに決定的に重要な配慮点ではあるが、「カネがかかるからやらない」というのでは法律論にもならない。とはいえ財政問題も決定的に重要なので、その場合には補償率を下げればいい。

第二は、公共の福祉論に係る。アメリカでは、ロックダウン命令による事業閉鎖は「私有財産の没収」であり、憲法に基づく補償が必要との訴えに対して、裁判所判決は「公共の福祉の保護」のために州知事の行ったロックダウン命令は正当であり、補償は不要としたそうだ（ローレンス・レペタ（元明大)、朝日、６月２日)。記事のタイトルはズバリ「『公共の福祉』で事足りる」)。

日本でも「冷たいようですが、憲法上は補償の必要はありません。社会公共にとって危険であることが明白な行為を罰則付きで禁止しても、憲法29条３項「私有財産は、正当な補償の下に、これを公共のために用ひることができる」に基づいて補償する必要はない」そうである（長谷部恭男（早大)、朝日、７月26日)。これは法曹の通説のようだ。

根拠として、長谷部は「奈良県ため池条例事件」に関する最高裁判決をあげている。堤の地権者が先祖の代から永年にわたりため池の堤に茶等を栽培していたことを県条例が禁じたこと、その補償をしなかったこと等を合憲とした判決である。判決は、栽培行為は、ため池決壊の原因になり、公共の福祉に反するがゆえに「憲法、民法の補償する**財産権の行使の埒外**」（ゴチは引用者）にあるとし、その制約は「財産権を有する者が当然受忍しなければ

---

(29) 西村担当大臣は「それぞれの立場で皆が頑張っている。だから日本国民みんなで感染症に対峙して連帯していこう。そういった意味もあって、一律10万円給付を決めたわけです」とする（『中央公論』2020年８月号）72頁。

ならない責務」であり、29条３項の損失補償は要しないとしている。

果たして、この判決を外出・営業「自粛」に起因する諸々の損失の補償問題にも適用できるだろうか。国民の基本的人権に基づく外出や、企業が市場メカニズムに基づいて財産権を行使する営業行為等が、コロナ危機で突如「財産権の行使の埒外」におかれることになるのか。外出等が「社会公共にとって有害」かは、想定されるだけで実証されていない。そして「埒外」だから補償対象外とする論理は、もし「埒内」なら補償するという論理を内包するだろう[30]。

以上、国民と国の関係性、政治と専門家、自粛と補償についてみてきたが、そこに一貫するのは徹底した国の責任逃れといえる。

３．グローバリズムはどう変わるか

第１節は、パンデミック後の世界を「グローバリズムの後退」とする見解（藤原帰一「時事小言」朝日、４月15日）への違和感にたっていた。コロナ危機が、物や人のグローバルな流れを寸断し、一部のローカル化（自国回帰）やリージョナル化（地域分散）を促すという意味での「グローバル経済の後退」は誰の目にも確かだが、それは物流的な経済現象に過ぎず、あえて言えばグローバリズムの「減速」だろう[31]。グローバリゼーションはもっと多面的に把握・評価されるべきではないか。端的には「感染症のグローバリゼーション」（パンディミック）をどう捉えるかである。

藤原はさらに、「グローバリズムの後退」が「国家の復権」をもたらし、

---

(30) 法律家の中にも「共同体全体の利益のために特別の犠牲を強いられない権利が人にはある」という者もいる（青井未帆（学習院大）「『皆のため犠牲』は公正か」朝日、６月18日）。

(31) サプライ・チェーンをめぐっても、財界人の判断は、「国内での調達・生産を増やす」以上に「調達先（国・地域）の分散」が多い。日経８月４日「ウェブセミナー　アフターコロナを考える」。リージョナル化はグローバル化の幅を拡げるものともいえる。なお「グローバリゼーション」と「グローバリズム」（世界覇権の追求）は異なるが、慣用に従い区別しない。

「世界秩序から国民国家体系へ転換」「大国が国益のみを追求して競合する世界への転換」が起こることを憂えているが、グローバリズムに対置されるべきは、「国民国家」ではなく「大国が国益のみを追求」する「ナショナリズム」であろう[32]。グローバリズムと言っても「世界政府」ができているわけではなく、個々の国民（領土内に住む人びと）に責任を持つのは依然として国民国家であり、そこでの国際協力のあり方が今日のグローバリゼーション管理の程度を示す。

グローバリゼーションは、感染症を否応なくグローバル化する可能性を強めた。コロナウイルス感染症のグローバル化が、従来の感染症のそれと、経路やスピードの点でどう違うのかはそれ自体として解明されるべき課題だが、誰の目にも明らかなことは、1990年代からの新自由主義的なグローバル化が貧富の隔絶的な格差を国際的にも国内的にももたらし、それが感染症のグローバル化と深刻化の温床になっている点である。

のみならず、グローバリゼーションを管理する能力がグローバル化に追い付かないなかで、耐え難いまでに深まった格差が、反グローバリズム（アメリカ第一主義やブレグジット）≒ナショナリズムを引き起こし、グローバル管理を積極的に妨害・毀損している。

感染症の発生源をめぐって米中の激しい対立があるが、2019年の早い時期から世界各地（アメリカ、日本、中国、ヨーロッパ）でほぼ同時的に発生をみていた可能性がある[33]。

武漢に発したとされる感染症は、イタリアを経てヨーロッパで拡がり、３月下旬からアメリカで爆発的に急増し、４月に入ると新興国・途上国での蔓

---

(32) Y. ハラリ、柴田裕之訳『21 Lessons』河出書房新社、2019年、Ⅱ。
(33) 矢吹晋『コロナ後の世界は中国一強か』花伝社、2020年７月、第２章。同書は、日本ではあまり報道されていない中国情報に詳しく、大いに参考になる。とくに2019年10月18日～27日、武漢で世界軍人オリンピックが開催され、米国人選手５名が「マラリア」を発症し、米軍専用機で帰国した事実が日本では報道されておらず、謎に包まれている。

延を懸念する声が強まり、4月下旬頃からブラジル、ロシア、インドの新興国で現実化し、5月下旬にはブラジルが感染者数トップとなった。5月13日にはアフリカ全土で感染が確認された。つまり格差が激しく、貧困層が多く、医療体制が整っていない新興・途上国に行きついた。

冷戦体制下にあっては、米ソそれぞれの思惑に基づいてではあるが、ともかく国際協力により途上国等の感染症対策に一定の成果をあげてきた（詫間佳代『人類と病』中公新書、2020年）。今回は、グローバルな協力が求められるまさにその時に、反グローバリズムが覇権国家を支配した。

背景にあるのはいうまでもなく、グローバル覇権をめぐる米中の対立激化である。アメリカは、国際協力に背を向け、一国利害のみを追求し、あげく「アメリカ第一」でさえ無い「トランプ（選挙）第一」を優先し、コロナ対策の欠如・失敗、警官（公務員）による黒人暴行殺人といった荒廃をもたらしつつ、一時は感染者・致死者トップに沈み(34)、WHOからも脱退した。WHOに問題があるとしても、それは今やることではなかろうというのが世界共通の思いだろう。

それに対して中国は、ロックダウンとITを通じる国民監視といった強権発動によりコロナ危機を早期に乗り切ったかにみえ、かつ、アメリカに成り代わって国際協力のイニシアティブをとることで、覇権国家にのし上がろうとしている。開発されるワクチンの確保をめぐっても、アメリカは「まずは米国人を助け、余剰が出れば世界に回す」とし、中国は「アフリカ諸国に優先的に回す」とする（朝日、7月20日）(35)。

いわば、グローバリゼーションに背を向け、反グローバリズム=自国一国主義に陥っていく旧覇権国と、そこにグローバル覇権獲得のチャンスをつかもうとする挑戦国との差である。「感染症のグローバリゼーション」は、こ

---

(34) アメリカの状況については、竹森俊平「『分断』がロックダウン阻む」読売、7月3日。岡田耕司「トランプ政権　機能不全」朝日、7月6日。

(35) 現実は、米中に限らず、「ワクチン　自国優先という病」（朝日、7月20日）である。

のような覇権争いを激化させ、覇権国家の歴史的交代を加速化させた[(36)]。

その帰結がいずれになろうとも、この過程は長期化し、冷戦にとどまらない危険性をもつ。感染症のパンデミック化も繰り返されることになろう。それに対して「いくかのミドルパワー（中堅国家）が主導権を発揮しWHOとグローバルヘルスを支える戦略を期待したい」（I.キックブッシュ（国際・開発研究大学院）、朝日７月16日）とする声が切実である。とくに日欧はこのようなミドルパワーとしての期待に応える必要がある[(37)]。

４．成長至上主義からの脱却

グテーレス国連事務総長は「経済が漸進的に指導すれば２～３年で、ある種の正常化に向かうかもしれない。…新しい日常が現れるまで、少なくとも５年か７年は続く世界的不況という結果におそらくなるだろう」（同）としている。2020年度のGDP予測は、アメリカ△32％（４～６月実績の年率化）、ユーロ圏△40％（同）、そして日本は△27.8％（同、２次速報では△28.1％）と報じられている。

直近の景気動向について、日銀短観（全国企業短期経済観測調査、「良い」－「悪い」％）を抜粋引用したのが、**表1-1**である。全産業で３月から６月に大幅悪化している。製造業ではより厳しく、非製造業もプラスから相当幅の△に落ち込んだ。

主な産業についてみると、食料品がプラスからマイナスになり、宿泊・飲食サービス、自動車、対個人サービスが最大のマイナスになった。表示は略したが、小売と対事業所サービスが、大企業ではなおプラスだが、中小企業では△38、△18になっている。

---

(36)米中対立については奥村皓一『米中「新冷戦」と経済覇権』、新日本出版社、2020年。中国覇権主義の行く末については、F.ゴドマン「中国、いずれ世界と衝突」読売６月28日。

(37)EUは2021～27年のEU予算の42％をコロナ復興基金にあてることにした（竹森俊平「EU　財政支援へかじ」日経、８月７日）。

表 1-1　日銀短観・業況判断―2020 年 3 月、6 月

		2020 年 3 月	2020 年 6 月
全産業	大企業	0	△26
	中堅企業	△3	△30
	中小企業	△7	△33
大企業	製造業	△8	△34
	食料品	5	△8
	自動車	△17	△72
	非製造業	8	△17
	対事業所サービス	35	8
	対個人サービス	△6	△70
	宿泊・飲食サービス	△59	△91

注：「良い」－「悪い」・%ポイント

資金繰り判断（「楽である」－「苦しい」%）は、３月から６月にかけて、大企業は＋18→＋10、中堅企業＋19→＋７、中小企業＋１→△１、平均＋13→＋３と、規模が小さいほど厳しさをましている。

コロナ危機の影響が月を追って激しくなっており、それが製造業（特に自動車）、対個人サービス、宿泊・飲食サービス等の全企業規模、小売や対事業所サービスの中小企業等に特に厳しく出ている。また食料品製造、小売、宿泊・飲食サービスの景況感が悪化していることは、今後、農産物需要にも及ぶ可能性がある。

ただし、金融機関の貸出態度判断は、〈「緩い」－「厳しい」・%ポイント」が、規模・製造・非製造にかかわらずプラス20程度にとどまっている。日銀の資金供給がそれを支えているわけで、第１節で述べた〈実物経済危機→金融危機〉のプロセスにはなお至っていないが、戦後最大の実物経済の落ち込みはそれ自体が恐慌とも言え、かつ将来の金融危機の財政危機への転化は確実である。

第１節でふれたCLO（債務担保証券）について補足しておく。CLOは、世界で2018年末に８千億ドル（88兆円）、うち金余りのアメリカが７割を保有するとされている。日本では2020年３月末で13兆円程度、農林中金7.7兆円、三菱UFJ2.3兆円、ゆうちょ1.77兆円が大きい。中金は「リスクとリターンと

いう観点から妙味がある」としていた。金融庁は18年度末から、発行元が「総額の５％以上を自ら保有していない証券化商品」は高リスクとみなす規制を導入した。

しかしながらコロナショック株安等でCLO価格全体が急落し、20年３月末で中金は評価損４千億円を出したとされる。値下がりが満期まで続けば大きな損失処理を迫られる（日経2019年５月23日、朝日同28日および2020年６月３日）。農協系統への高い奨励金利率を維持するために、農林中金が、海外でハイリスク・ハイリターン商品に手を出す傾向が、リーマンショック後も続いているわけである（第４章）。

第１節では、デジタル化、オンライン化に日本の一つを活路を求めてきたが、IT化の行方をめぐっては、労働時間が限りなくゼロに近づく、マルクスの「必然の国から自由の国へ」にも似た未来に至るか（P. メイソン、佐々とも訳『ポストキャピタリズム』東洋経済新報社、2017年）、何十億の人間が「余剰人員」「無用者」階級化するか（Y. ハラリ『21 Lessons』前掲）、分れる。

５．内需を深堀りする農業へ

家計消費の動向

家計消費支出（二人世帯）は、対前年同期で、４月が△11.1％、５月が△16.1％と落ち込んでいる。うち食料費は△6.6％と△5.4％である。家計消費は４月末から連休週にかけて△27％程度の最低まで落ち込んだが、５月25日の宣言の全面解除時には、ほぼ前年並みに戻っている。しかし、コロナ危機の長期化や雇用悪化で７月以降の動きは不明である（６月は△1.2％だが、７月は△7.6％）。

食料費の品目別には、麺類（パスタなど）、生鮮肉、卵、酒類、乳製品も酒類などが20％以上伸び、米、魚介類、牛乳、生鮮野菜も10％前後伸びた。野菜ではキャベツ、白菜、ネギ、ジャガイモ、ニンジン、トマトが大きく伸びたが、野菜は７月の異常気象で高値を呼んでいる。

外食費は６割程度の減、菓子類が10％前後の減、パンも減った。外食チェーンは閉店、中食化や業態転換（人材派遣業等）で生き残りを図ったが、「資金余力に乏しい個人経営男小規模店には限界もある」（読売、６月17日）。

日本農業新聞の計算では、内食費（食料費－調理食品・外食費）の家計消費に占める比率が４月には21.6％まで高まった（６月30日）。

年齢階層別にみた暮らしへの影響

この点に関連して、日本農業新聞の尾原浩子・松村直記者が、５月中旬、６月上旬に首都圏主要駅で「決死」のインタビューを行った（同紙６月18日）。対象は210人、一人暮らしと家族同居はほぼ半分ずつ。コメントを求められた筆者は「コロナ禍の影響は世代差が大きい」とした。そのポイントはつぎのとおりである（年齢別計＝100）。

①「収入・家計が減った」は全体が46％に対して、40代が65％、30代が54％と多い。

②「食費が増えた」は全体が27％に対して、40代34％、50代43％と多い。

③「家庭で料理する回数が増えた」は、全体62％に対して40代が76％と高い。

④食生活の変化では、「野菜を多くとるなど栄養バランスに気をつけるようになった」28％（30代32％）、「変わらない」22％、「料理やテイクアウトを楽しんでいる」19％（20代27％）、「あまり食べないもしくは安価な食材を選んでいる」15％（40代31％）だった。

⑤国内農業への意識は、「コロナ禍以前より大切に思うようになった」40％、「変わらない」60％、「大切に思わなくなった」１％だった。「大切に」は50歳代以上層が高い（60％前後）。「変わらない」が多いのは、コロナ危機の最中に突然「農業をどう思うか」と聞かれて、とまどったためではないか。

コロナ危機は、40代を核に、30代から50代前半あたりまでの学童・学生を抱える子育て層を直撃したといえる[(38)]。そのなかで、食費の節約や低価格志向と栄養バランスがせめぎあっている。国内農業がそれにどう対応するのかが短期、長期に問われる。

農協の組織・事業活動への影響

農協協会が584農協に対して郵送調査を行った。調査は6月中下旬にかけて、回答農協は193、回答率33%(農業協同組合新聞、7月10日、20日号)。これについても、以下、筆者のコメント(20日号)を要約紹介しておく(複数回答が多い)。

①**会合・活動・推進での対応**…JAにとって最も重要な意見反映、意思決定の場としての総会・集落座談会・部会等は、書面議決が3/4を占め、延期・中止も5割。集落座談会、事業懇談会、地区別懇談会、支部総会、生産部会、地区別総代協議等、青年・女性組織、各種セミナー等は延期・中止が9割を超えた。

以上はJAがあくまで組合員の安全第一を考えて運営したことを示すが、組合員・基礎組織からの意見反映が例年に比べ不十分になった。「組合員が営農・生活で最も困っていること」の問いに対して、「農協の情報が入らない」が4割あった。とくに階層別や地区別の会合が開けなかった。これらに対するアフターケアを強化することが大切。広報活動にも一層力を入れる必要がある。

②**組合員が最も困っていること**…「消費減退で農産物が売れず、価格低迷している」が5割、「自粛で農協の施設(冠婚葬祭、各種イベント)が利用できない」と、先の「農協の情報が入らない」が各4割、「雇用労働力が確保できない」が3割弱。ここから、組合員にとって、JAは、とくに販路確保、生活インフラ、情報の三点で不可欠の存在であることが確認される。

③**作目別にみた影響…表1-2**によると繁殖・肥育牛の問題点(価格下落な

---

(38) 朝日新聞デジタルが5月末から6月半ばにかけて行ったアンケート(657回答、うち子育て中81.3%)によると、年収400万円未満世帯では減収世帯が7割と、低所得層ほど多く、かつ減収割合が大きい(年収200万円未満では5割以上減収が3割)。

ど）を指摘した農協が最多、次いで花き（イベント縮小など）、さらに酪農（需要減少など）、露地野菜（外食・業務用・加工の減少）となる。稲作はこれから影響が出てくる（日本経済新聞９月２日「コメ需要22万トン減の衝撃」）。農作物は長期的な影響に注意する必要がある。

表1-2　問題点・解決方法を指摘した農協の割合（%）

作目	農協割合
稲作	13.5
露地野菜	21.8
施設園芸	17.1
花き	**35.8**
果樹	10.4
酪農	21.8
繁殖・肥育牛	**37.8**
厚生連病院	33.2

注：調査参加 193 農協に対する割合。

④緊急事態宣言への対応…支所支店・集出荷施設等の運営については、「従来通り」の農協が3/4、営業時間短縮が３割で、閉店・休業等は８％にとどまる。組合員との事業面での接点である拠点型施設のオープンはほぼ確保された。

直売所は様々な工夫を凝らしてオープンし続けた。コロナ危機のなか、地域にとって直売所が生活インフラであり、安心安全の確保の場であることが確認された。広報誌も「従来通り」に職員が持参したのが６割で、郵送に全面切り替えたのは８％と少ない。組合員との接点を保つ必死の努力がなされたといえる。

⑤対面事業…〈前年同期に対して事業高・回数が減った農協数/回答農協数〉を見たのが**表1-3**である。本店・支店への来客数や、営農指導・TAC・LA等の「出向く回数が減った」JAは各3/4にのぼった。しかし、例えば本支店への来客数の減少は１割以下が多く、窓口は確保されたといえる。介護・デイケアの利用者数は、2/3のJAが「減った」が、ここでも10％以下の減少が３割と多かった。

対面事業や出向く体制は意外にがんばった。しかし共済推進は「訪問回数を減らした」が５割、新規契約数・契約高は７割のJAが減らした。共済事業は、人と人との対面での信頼関係に基づくことが改めて確認された。

⑥直売所、葬祭・旅行…同じく**表1-3**によると、まず3/4のJAが事業量を減らしている。なかには事業量が増えた農協もあり、増えた部門としては、

表 1-3　農協の活動・事業面への影響―減った農協の割合

	減った農協の割合
本店・支店来客者数	75.9%
営農指導・TAC・LA の訪問回数	74.8
農協事業量	75.9
販売額（直売所除く）	64.4
直売所販売額	**46.5**
購買額	65.9
共済新規契約数	69.1
冠婚葬祭事業の利用者	71.0
同利用額	**83.9**
介護・デイケア利用者数	63.8
旅行事業利用者数	**90.4**

注：回答農協数に対する割合。

直売所、移動販売、直売、共済、貯金、貸出、Aコープ店、グリーンセンターなど、要するに生活インフラ関連である。直売所の販売額は、減ったJAが５割弱にのぼるが、減少幅を２割以内に抑えているJAが1/3を占める。

冠婚葬祭事業額は84％のJAで減り、旅行事業の利用者に至っては９割のJAが減っている。減額割合も大きい。他方で、「葬儀が大幅に簡素化され、今後もこれでよいのではないかといった声をよく耳にする」というコメントもあった。

⑦**長期化への備え**…７割のJAが「組織・事業のあり方、仕組み、進め方を見直す」、1/3が「プロパー資金等、組合員への資金面に支援体制を確立する必要」を挙げている。先に組合員への影響では資金繰り、運転資金の問題は２割以下にとどまった。しかし影響が長期化するなかで、資金繰りが厳しくなることが予想されている。

組織・事業のあり方では、オンライン化・デジタル化が主流だ。しかし実際のデジタル化の取組については、「必要と思うが今は考えていない」43%、「検討を始めたばかりで、これから取り組む」36%、「具体的に取り組み始めている」17%で、「ほぼ達成」は０%。JAのウイーク面が直撃された。

業務面で思い切ってオンライン化を図りつつ、そこで浮いたマンパワーを高齢農家などオンライン弱者への対面活動に注力する必要がある。

農産物の需要変化に対しては、「国内消費拡大のため、安全・安心な農産物を生産」が８割、「直接販売・直売所販売・ネット販売等の強化」が５割、「安定した輸出先、販売先の確保」は２割以下だった。

⑧コロナから得た教訓、農協の役割…５割強のJAが考えを寄せている。まとめれば、海外に依存しきった生活スタイルからの脱却、余暇や在宅を楽しむ生活への商品サービス、内食が増えたことに対応した安全・安心な食材の提供、就農希望者の定住促進、安心を提供する存在へ、である。他方で「今後、どのような問題に直面するか分からない段階で、教訓を得るのは時期尚早」という指摘もあった。

コロナ危機のなかで、JAは組合員・地域住民の安全を守りつつ、必死に窓口を開け続け、対面活動の継続をはかってきた。JAは、危機に直面した地域にとって欠けがいのないセーフティーネットであり、そのポイントは販路、生活インフラ、情報の三点である。

農協の進路は、内需志向、安心安全な国内農産物志向に応える、困っている人々の資金需要に応えられる地域金融機関化を図る、業務のオンライン化・デジタル化を果たしつつ、対面活動を強化することにある。

６．国土利用構造の転換

第１節の末尾で、「若者を中心にした田園回帰の動きがその手始めになるかもしれませんが…」としたが、内閣府から２つの調査結果が示されたので、補足しておく。

「まち・ひと・しごと創生本部事務局」の「移住等の増加に向けた広報戦略の立案・実施のための調査事業報告書」（2020年５月15日、20～59歳の１万人）では、「地方暮らし」に関心を持つ者が、東京圏在住者の49.8％、地方圏出身者に限れば６割強にのぼる。とくに１年以内移住を考えている層は若い世代が多い（平均年齢35.7歳）。欲しい情報は仕事・就職、住居関係で移住希望者のそれぞれ６割。戻らない理由としては、コミュニティーが狭く、うわさがすぐ拡がることがあげられている。

もう一つは内閣府の「新型コロナウイルス感染症の影響下における生活意識・行動の変化に関する調査」(2020年6月21日、全国の15歳以上約1万人）で、20代は東京23区で35.4％、大阪・名古屋圏で15.2％が「地方移住の関心が高くなった、やや高くなった」。就業者の34.6％がテレワークを経験し、その地方移住への関心は24.6％と通常勤務の10.0％より高い(39)。

これから

コロナ危機は、有効・安全なワクチンがいきわたるまで続く。そこでの課題を次のように考える。

第一に、なぜ日本では「自粛」という方法が採られたのか、それは方法として「効果的」だったのか。その政治学・社会学が求められる。本章は、経済優先が根底にあると考える。「自粛」が同調圧力に弱い国民性を利用したものだとすれば、ひとたび動員が緩めば、元には服さない。第二波以降が懸念される。また「コロナ差別」を「同調圧力」と同根（例えば「村八分」）のものとする見解も多いが、その是非を問いたい。

第二に、長期化で特に懸念されるのは、経済的なダメージと高齢者の感染による重症化である。そのことに留意しつつ、社会活動・経済活動のゴー・アンド・ストップを繰り返していくしかない。そのタイミングを計るのが政治の要諦だが、現政権にすでにその能力はない。

経済的ダメージは貧困層や子育て世代にとりわけ厳しいことが確認された。そこへの有効な手当てが特に強く求められる。これからはメンタル面への影響が強まることも強く意識すべきである。

第三に、人々のライフスタイルの変化をどう見通すか。食料消費では内食化の傾向がはっきりした。農産物輸出は5月に回復したが、そこでも牛肉な

---

(39) しかしながら、地方創生本部によれば、2015年と19年を比較して、東京圏への転入者数は増え、転出者は減り、差し引き転入超過数は11.9万人から14.6万人に22％も増えている。中心は15～29歳層である。

ど業務用需要は停滞し、米・卵など家庭用需要が伸びている。海外でも有機志向が強まり、日本では直売所が健闘し、国産、地場産、新鮮安全等への志向が強まった[40]。農協の葬儀事業では参会者の少数化がめだち、「それでいいのではないか」という声もあった。コロナを契機に人々のライフスタイルが不可逆的に変化していくのか、農協の事業がそれにどう対応できるかが問われる。

田園志向が強まっているが、現状では「コロナ逃れ」に過ぎない。それを田園回帰の確かな足取りにするには、国土利用構想の転換というマクロ政策が必要である。

第四は、グローバリズムをめぐってである。本書刊行直後のアメリカ大統領選で、トランプが勝てば、「チャイメリカ」（米中経済一体化）をデカップリングしようとして、出血多量で自らの凋落を加速化し、トランプが敗北すれば、アメリカは国際社会に復帰しつつ自由や民主主義といったイデオロギー面で対中攻勢を強め、「冷戦」化を促す。泥仕合か公式戦かの相違はあるが大局は変らず、日欧のミドルパワーとしての役割発揮が求められる。

（40）街のテイクアウトでは地場産の野菜等を使用していることが強調された。

第2章

メガFTAの時代
—TPP11、日欧EPA、日米貿易協定

はじめに

21世紀に日本の通商戦略は大きく転換しました。20世紀の日本の通商政策は、ガット・ウルグアイラウンド（UR）の多角的交渉と、そこから生まれたWTO体制を軸にしてきました。2000年の「WTO農業交渉　日本提案」はその到達点で、「行き過ぎた貿易至上主義へのアンチ・テーゼ」として、農業の多面的機能への配慮や食料安全保障を通じる「多様な農業の共存」を主張しました。それは1999年の食料・農業・農村基本法の基本理念として日本の国是になりました。全世界を相手とした多角的交渉は、各国の独自性を無視した抽象的論理を追求しがちですが、同時に、グローバルな共通課題に立ち向かい、そこで理念を訴えることが形式的には可能でした。

しかし、WTOのドーハラウンドが行き詰まり、２国間のFTA（自由貿易協定）が先進国の主流となるなかで、日本は早くもそちらに切り替えました。FTAは貿易の利害得失のみを追求する場です。日本はその相手国として、当初は農業に配慮した上でアジア諸国を選びましたが、第一次安倍政権の2006年から日豪FTA交渉を開始するなど[(1)]、URで決定的に対立した農産物輸出大国とのFTAに踏み切り、次いで第二次安倍政権下でメガFTA（TPP11、日欧EPA、日米貿易協定など）を相次いで締結しました。それらは輸出による成長戦略（アベノミクス）の要に据えられました。

2018年12月30日にTPP11（CPTPP）が発効、2019年１月に日米通商交渉

（１）日豪EPAについては、拙著『戦後レジームからの脱却農政』筑波書房、2014年、第２章第１節３。

図2-1　日本が締結・交渉中の主なFTA

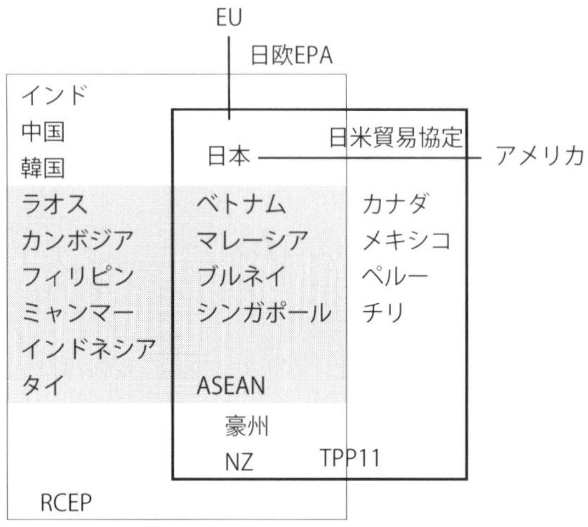

注：1）網掛けはASEAN構成国。
　　2）朝日、2018年11月10日を参考に作図。

の開始、2月には日EU・EPA（以下「日欧EPA」）が発効、2020年1月1日に日米貿易協定が発効、RCEP（アールセップ・東アジア地域包括経済連携）も早期合意をめざしています。

日本をとりまく最近の通商交渉（協定）は**図2-1**の通りです。図には示しませんでしたが、交渉中あるいは予定として、イギリスやメルコスール（南米南部共同市場）とのFTAがあります。以上の全てが発効すれば、日本が加わるFTAはロシア・アフリカ・中東地域を除く全世界に及びます。まさにメガFTAの時代であり、日本農業は総自由化時代に突入します。

本章では、日本のメガFTAのそれぞれの交渉経過と影響をトレースします。その影の主役はトランプ大統領と言えます。アメリカの国家安全保障・通商戦略との関連を捉える中で、日本の針路を考える必要があります。

第１節　TPPからTPP11・日欧EPAへ

１．TPPからTPP11（CPTPP）へ

経過

TPP交渉は、2015年10月に大筋合意、2016年２月に全12カ国が署名し、日本は12月に国会承認しました[2]。しかし、その直後の17年１月、トランプ大統領はTPPから離脱しました。安倍首相はトランプの大統領就任前には、「米国抜きのTPPは意味がない」としていましたが、アメリカの離脱後は、TPP11のイニシアティブをとりつつ、米国のTPP復帰を待つ建前に切り替えます。

TPP11は、11月に大筋合意、18年３月に署名、12月30日に発効にこぎつけました（たんにTPPあるいはCPTPPとも呼ばれますが、本章ではTPP11とします）。茂木担当大臣は共同記者会見で、「日本が一貫して主導的な立場でとりまとめたのはこれが初めて」と誇りました（その真意は後述）。

品目別の譲許内容

TPP11の特徴は、第一に、アメリカの離脱に伴う開放規模の縮小をせずに、アメリカの復帰を待つ、アメリカに「かげ膳」を据えるTPPです。すなわち①米国枠（コメ７万トン、小麦15万トン、コーンスターチ3,250トン等）は凍結する。②バター・脱脂粉乳の低関税輸入枠７万トンを維持する。アメリカが復帰する場合はその別枠を要求することになるでしょう。③輸入が急増した場合に元の関税率に戻す牛肉等のセーフガード（SG）の発動水準も、アメリカが抜けても高水準のままに据え置き、SGの発動を事実上不可能にします（→第３節）。

（２）TPPについては拙編著『TPP問題の新局面』（大月書店、2012年）、同『TPPと農林業・国民生活』（筑波書房、2016年）を参照。交渉の経過については鯨岡仁『ドキュメントTPP交渉』東洋経済新報社、2016年。

表 2-1　TPP11 における日本の市場開放

発効時期	品目	いまの関税率	発効後
2018年12月30日　即時	キウイ	6.4%	撤廃
	ブドウ	7.8〜17%	
	メロン	6%	
	モモ	6%	
	イチゴ	6%	
	アスパラガス	3%	
	小麦	55円／kg	豪州、カナダに無関税枠
	コメ	341円／kg	豪州に無関税枠
2023年4月　6年目	ビスケット（砂糖入り）	15%	撤廃
2027年4月　10年目	豚肉（高価格帯）	4.3%	撤廃
	豚肉（低価格帯）	482円／kg	50円／kg
2028年4月　11年目	ホタテ貝	10%	撤廃
	牛タン	12.8%	
	リンゴ	17%	
2033年4月　16年目	牛肉	38.5%	9％
	チェダーチーズ	29.8%	撤廃

注：1）小麦は7年目に豪5万トン、カナダ5.3万トン、コメは13年目に8,400トン。
　　2）即時撤廃以外は段階的に引下げ。
　　3）日農、2018年12月28日による。

第二に、TPP交渉時にアメリカの強い要求で組み入れられたISDS（投資家・国家間の紛争解決）(3) や知的財産権関連等の20項目を、アメリカの復帰まで凍結します。

第三に、日本の強い要望で、アメリカの復帰が見込まれない場合には、アメリカ込みで譲許した水準等を引き下げる等の「見直し」(review、再協議) が規定されました。

TPP11の農産品に関する概要は**表2-1**の通りです。農林水産物の82%が関税撤廃、うち53%が即時撤廃されます。

コメについては、オーストラリアに対する無税輸入枠が13年目に8,400トン。政府は同量の国産米を政府備蓄米として買い上げ、主食用米市場に影響を及ぼさないとしていますが、売買同時契約方式（SBS）で輸入するため輸入米が7、8月には国内市場に流入し、国産米の価格形成へ影響することが懸念

(3)拙著『戦後レジームからの脱却農政』(前掲)、64〜68頁。

されます[4]。

小麦については、内外価格差に相当する輸入差益（マークアップ）を９年目までに45％削減（麦作振興の財源縮小になる）、カナダ・豪州向けの無税輸入枠を７年目10.3万トンに拡大する。砂糖は関税や内外価格差に対する調整金を引き下げます。

牛肉は現行関税38.5％を16年目には９％に引き下げる。豚肉は10年目に高価格肉の従価税は撤廃、低価格肉の従量税はキロ50円に引き下げます。前述のように牛・豚肉のSG発動水準はTPPと同じです。脱脂粉乳・バターは低関税輸入枠を増やしていき６年目に７万トンとし、枠内税率を６～11年かけて引下げます。

野菜・果物の関税は、リンゴ・バナナ・パイナップルは11年目、冷凍馬鈴薯・玉ねぎ・グレープフルーツは６年目、その他は即時撤廃します。

他方で、日本の自動車、同部品、家電・産業用機械等の輸出については相手国の関税を即時撤廃させるものが多く、最長でも13年で撤廃させます。

TPP11の影響

TPP11の影響は次の通りです。第一に、既にその発効を見越して、肉輸入が急増（牛肉は豪・カナダ・NZ、豚肉はカナダ）、果物では業界はブドウ（豪、チリ）、キウイ（NZ）、アボカド（メキシコ）、オレンジ（豪）に注目しています[5]。

第二に、日本初のメガFTAであるTPP11での譲許水準は、その後の日本の門戸開放の下限値と受けとめられ、各国は「TPP以上」を求めることになります。特にアメリカ農業界は、TPP11参加国に対して競争上不利になるため、日米FTAによる「TPP以上」要求を燃え上がらせています[6]。

第三に、TPPへの参加希望が、タイ、フィリピン、インドネシア、韓国、

（4）日本農業新聞（以下「日農」）2018年11月19日。以下、影響等については同紙によるところが大きい。

（5）日農、2018年12月２、23、24、29日。

台湾、コロンビアそしてイギリスと目白押しです[(7)]。その多くは日本と気候的にも近いアジアの農業大国であり、とくにタイはコメや鶏肉など日本との競合が強いです。TPPで特定国への輸入枠を認めた品目は、新たな参加国にも枠を認めざるを得なくなり、日本市場は玉突き的に開放されます。

TPP11は、アメリカが不参加とはいえ、日本の農産物の市場開放を新たな水準に引き上げたと言えます。政府の影響試算や実際の影響については次項でまとめて述べます。

２．日欧EPA

クルマとチーズの取引

日欧EPAは2011年に事前協議の開始に合意しましたが、実際の交渉は2013年４月からで、TPP交渉とほぼ同時でした。「農水省はTPP交渉の時から日欧のEPAもセットで考え、細かい数字の交渉をしていた」[(8)]ということです。

しかし2017年７月の「大枠合意」(大筋合意より低熟度）まではあまり注目されませんでした。「秘密交渉」ということもありますが、TPP交渉や米中対立の影に隠れたことと、日本の最大関心事であるコメが早期に除外されたためでしょう[(9)]。

---

(６)2018年11月６日の中間選挙で、下院では共和党は「最も人口密度の高い『都市』で共和は議席を１つも獲得できなかった一方、最も人口密度が低い『農村』で、共和が８割以上を獲得した」(朝日、11月17日)。トランプ政権にとって農村票の獲得は死活問題である。

(７)その後のFTAについて補足する。①タイは2020年８月６日からのTPP委員会に加盟申請することとしていたが、国内の政治混乱等から見送った（日農、2020年８月５日)。③日本政府はメルコスール（南米南部共同市場―ブラジル、アルゼンチン、ウルグアイ、パラグアイ）とのFTA（EPA）交渉を検討している（同2019年11月５日)。４カ国は世界有数の畜産国であり、ブラジルは砂糖国でもある。

(８)中川淳司「対米通商交渉へ追い風」読売、2017年７月８日。

(９)「EU側が早い段階からコメについて市場開放の『除外』を認めたことが交渉には追い風になった」(読売、2017年７月７日)。

表 2-2　日欧 EPA　主な重要品目の合意内容

輸入	チーズ	ソフト系など：3.1 万トン（製品ベース、16 年目）の輸入枠を設定 枠内関税は 16 年目に撤廃 ハード系：関税（29.8%）を 16 年目に撤廃
	脱脂粉乳・バター	1.5 トン（生乳換算、６年目）の低関税輸入枠を設定
	豚肉	低価格帯の重量税（482 円／kg）：10 年目に 50 円／kg まで削減 →セーフガード＝10.5 トン（10 年目）で発動 高価格帯の従価税（4.3%）：10 年目撤廃 ※差別関税制度と分岐点価格は維持
	牛肉	関税（38.5%）：16 年目に９%まで削減 →セーフガード：５万 3,195 トン（16 年目）で発動
	米	除外
	パスタ	関税（スパゲティ：30 円／kg）を 11 年目に撤廃
	チョコレート	関税（10%）を 11 年目に撤廃
	ワイン	関税（15%または 125 円／ℓ）を即時撤廃
輸出	緑茶	関税（3.2%）を即時撤廃
	牛肉	関税（12.8%＋141.4～304.1 ユーロ／100kg）を即時撤廃
	日本酒	関税（7.7 ユーロ／100 ℓ）を即時撤廃

注：日農、2017 年７月７日による。

日欧EPAの概要は**表2-2**の通りです。関税撤廃率はTPPと同じですが、個別には首相の公約違反に当たる「TPP超え」があります。以下、その点を中心に見ていきます。

チーズではソフト系(10)でも輸入枠を設定（TPPでは関税維持）、豚肉はTPP並みですが、EUからの輸入は安い冷凍品が多いので、関税引き下げの影響はより大きくなります。ワインは即時関税撤廃されます（TPPでは８年目に撤廃）。パスタは11年目に撤廃（TPPでは９年目にかけて関税引き下げ）、チョコレート菓子は11年目に関税撤廃します（TPPは無税輸入枠の設定）。このようにEUが強い分野でのTPP超えが多いです。

チーズなど乳製品・豚肉・砂糖菓子等についての輸入関税や低関税輸入枠は発効後５年で見直します（TPPは７年）。

TPPの焦点だったISDS（投資家・国家間紛争解決）については、EU側が

(10)非加熱のナチュラルチーズのうちカマンベールなど柔らかいもの。

常設の裁判所の設置などを主張し、除外されました。またFTAでは世界初となる地理的表示（GI）の相互保護（EU品目は「ボルドー」など71品目、日本品目は「日本酒」など31品目）が取り入れられました。

EUは生乳過剰に悩み、乳製品の輸出拡大を狙い、交渉の焦点は乳製品なかんずくチーズでした。他方で工業製品のEU関税は全て撤廃、なかでも乗用車は８年目、自動車部品は即時に撤廃されます。要するに日欧EPAは「クルマとチーズの取引」でした[(11)]。

27道府県が影響額を試算し、TPP11より影響額が大きいとしたのが秋田、福島、茨城、三重、京都、岡山、広島、愛媛、高知、大分で、「林業が盛んな地域が目立つ」[(12)]。中心は、柱や梁に使われる構造用集成材やその原料製材の８年での関税撤廃です（TPPでは16年）。

日欧EPAの評価

日欧EPAが日本農業に与える影響は次項でみるとして、そこにはいくつかの特徴があります。

第一に、日本にとって主食としての重要なコメについて配慮してのEPAだった点です。コメさえ除外すれば良しというものではありませんが、コメに対する配慮は重要です。

第二に、EU側の要求とはいえ、ISDSの除外も同様です。

第三に、EU自体が一つのFTAです。そのEUとFTA（EPA）を結ぶことは、国レベルでいって一挙に多数国とFTAを結ぶことになります。同様のケースとしては、注６に記したメルコスールが俎上に上っており、きめ細かくFTAの是非を検討し、交渉することが求められます。

---

(11) 日欧EPA交渉では、経産相が自民党農水族に「自動車関税でEUを軟化させるため、チーズで一定の譲歩を検討するよう『頭を下げた』とみられる」（読売、2017年７月６日）。

(12) 日農、2018年７月17日。北海道はTPP11より小さいが、絶対額は329億円と最大で、その56％は牛乳・乳製品である。

第四に、畜産・林業、なかんずく集成材・チーズ・ワインといった、日本がこれからウイングを伸ばそうとする分野の自由化は、日本の農林業の将来にとって決定的です(13)。

政府の影響試算と輸入動向

まず政府は、TPP11・日欧EPAの国内農業への影響について、**表2-3**のような試算をしています。日欧EPAの影響はTPP11の76％にも及びます。注目されなかった割に影響が大きいです。

TPPと日欧EPAを合算した影響額の割合は、牛肉と木材が各22％、豚肉と牛乳乳製品が各18～19％で、畜産合計は61％に及びます。TPP11では牛肉と牛乳乳製品、日欧EPAでは豚肉の影響割合が相対的に高い。前述のよう

表2-3　TPP11　日欧EPAによる農林水産物の生産減少額（政府試算）

単位：億円

	①TPP11	②日欧EPA	③合計
コメ	0	除外	
小麦	29～65	0	29～65
大麦	4	0	4
砂糖	48	33	81
でん粉	—	9	9
牛肉	200～399	94～188	294～587
豚肉	124～248	118～236	242～484
牛乳乳製品	192～304	122～185	314～489
鶏肉	—	—	—
鶏卵	—	4～8	4～8
加工トマト	—	1	1
かんきつ類	8～17	1～3	9～20
リンゴ	4～8	3～5	7～13
木材	212	186～371	398～583
合計	905～1,497	626～1,143	1,531～2,640

注：1）鶏肉はTPPでは19億～36億円。
　　2）③は①②の単純合計である
　　3）農林水産省「農林水産物の生産額への影響について（2017年2月）」による。

(13) イギリスは2020年１月にEUを離脱し、日英通商交渉を開始した。2020年８月に交渉の大詰めをむかえ、イギリスはチーズ輸入枠の設定、日本は、イギリスの自動車関税の撤廃時期の前倒し、デジタル分野で日欧EPAを深堀り、人工知能のアルゴリズムの開示要求を禁じる方向で協議していたが（朝日、2020年８月５日）、９月11日にはほぼ日欧EPA水準で大筋合意した。

に日欧EPAでは木材が33％と高い割合を占めます。影響額は、対象品目の生産額6.8兆円に対して４％に達します。

しかし政府の影響試算は、絶対額としてはあまり意味がありません。政府は「試算の結果」として、「関税削減等の影響で、価格低下による生産額の減少は生じるものの、体質強化策による生産コストの低減・品質向上や経営安定対策などの国内対策により、引き続き生産や農家所得が確保され、国内生産量は維持されるものと見込む」としています。

しかし生産量不変は、「試算の結果」ではなく、「試算の前提条件」（新基本法で「国内の農業生産の増大」が定められている）と言うべきです。現実には、輸入農産物との価格・品質対抗力を十分に付けられるだけの国内対策がなければ、あっても一部生産者に限定されれば、輸入は確実に増え、国内生産量は減ります。

2019年の輸入量は対前年比で、①牛肉…1.3％増、うちTPP10カ国2.8％増（カナダ産、NZ産など）、アメリカ産2.6％減、②豚肉…3.7％増、メキシコ産14.7％増、アメリカ産5.2％減、③ナチュラルチーズ…EU・NZなどから計６％増でした。④ワイン…EU、TPP10カ国（NZ、メキシコなど）から増えています。

食料品輸入全体が0.6％減になったこともあり、農産物輸入の絶対額が急増する状況にはありませんでしたが、冷凍野菜（ブロッコリー、ホウレンソウは倍以上）、ブドウ、アボカド、食肉、ナチュラルチーズでは過去最高の輸入額になり、2019年度の豚肉自給率は最低の48.6％になりました（日農、2020年１月31日、５月23日）。

2019年はTPP加入国が日本への輸出を増やし、離脱したアメリカが減らしたのが主要局面になりました。「米産品　豚肉・ワイン輸入減　TPP・日欧EPA発効の国内市場　関税下がらず一人負け」で[14]、アメリカの挽回に拍車がかかります。

---

(14)日本経済新聞、2019年７月31日の記事タイトル。

第２節　日米FTAへの道

１．日米通商交渉の開始（2018年）

日米経済対話（2017年４月）

TPPからTPP11に切り替えた安倍の思惑は、アメリカのTPP離脱を機に、アメリカに成り代わってアジアを仕切る立場にのし上がることでした。前後して安倍は、一帯一路の容認や特使派遣など中国に一定の接近を図ろうとしました。

しかしアメリカは日本を逃しません。アメリカは勝手にTPPを飛び出したうえで、それによる不利を挽回し、さらにはTPP以上を獲得するために、日米二国間交渉を強要してきました。2017年４月、日米経済対話が開始され、その先行きについてロス商務長官は「我々の希望は、最終的に日米の自由貿易協定（FTA）を結ぶことだ」とし、「TPPを合理的な出発点」としつつ、より高い市場開放を求めていくとしました(15)。日米経済対話では、日本の輸入車の騒音規制や排ガス試験の緩和、インフラ整備や液化天然ガスの輸出拡大への協力等が決められました。

アメリカ「新時代の国家安全保障戦略」（2017年12月）

アメリカの狙いは、日米FTAといった単純なものではなく、アメリカの覇権戦略の一環に位置付けるものです。そこで日米通商交渉の原点として、「新時代の国家安全保障戦略」を見ておきます。

①「国土と国民、米国の生活様式を守る」「米国の繁栄を促進」「力による平和」「米国の影響力を向上」を目的とする。

②「中国やロシアなど」を「技術、宣伝および強制力を用い、米国の国益や価値観と対極にある世界を形成しようとする修正主義勢力」と規定し、そ

(15)朝日のインタビュー、同紙2017年５月21日。

れに対して「国際政治において力が果たす中心的な役割を認識し、強い主権国家が世界平和のための最良の希望である」とし、「主要なインフラとデジタルネットワークを守る」「多層的なミサイル防衛システムを配備」する。

③「強い経済」…「21世紀の地政学的な競争に勝ち抜くため」「米国の知的財産を盗用し自由な社会の技術を不当に利用する者から、自国の安全保障の技術基盤を守る」。

④「力による平和」…「戦略的競争という新たな時代において、外交、情報、軍事、経済といった分野で国家として持つあらゆる手段を用い、国益を守る」。

⑤「影響力の向上・行使」…「法の支配や個人の権利などを含む米国の価値観を擁護する」、「アメリカ・ファースト（米国第一主義）の外交政策は…世界における米国の影響力を象徴する」（在日米国大使館の仮翻訳による）(16)。

要するに中国等の「修正主義勢力」に対抗して、「力による平和」と「アメリカ・ファースト」により、技術・外交・情報・軍事・経済・価値観のあらゆる面で「世界におけるアメリカの影響力」を死守するというものです。「強い主権国家が世界平和のための最良の希望」というのは、「覇権（ヘゲモニー）国が一つの時に（米国だけの時に）世界は安定する」という「覇権安定」論（R. ギルピン）に基づくものです。

このアメリカの国家安全保障戦略を踏まえて、2018年10月にはペンス副大統領が徹底した中国批判の演説を行い、「新冷戦」の口火を切ったとされましたが、その席で彼は同時に「日本とも歴史的な自由貿易協定の交渉を近く始める」と述べました。要するにアメリカの国家安全保障戦略と日米通商交渉は一体です。

日米共同声明（2018年９月16日）

農業については、米通商代表部（USTR）のライトハイザー代表は、アメ

---

(16)その背景については、奥村皓一『米中「新冷戦」と経済覇権』新日本出版社、2020年、第４章第１節。

リカのTPP復帰はあり得ず、日本は牛肉等で「一方的な譲歩をすべき」としました。それに対し安倍首相は「農業分野でこれ以上の譲歩はない」（2018年５月18日国会答弁）とし、その点を後述の日米共同声明に盛りこんだはずでしたが、トランプ政権とすれば、そもそもTPPに不満だから離脱したので、「TPP超」を獲得できなければ子どもの使いになってしまいますので、「日米FTAのTPP超え」はトランプ政権の不動の方針です。

トランプの言によると、安倍に「『交渉しようとしないならあなたの国からの車にものすごい関税をかける』と言った。そうしたら彼らは『すぐ交渉を始めたい』と言ってきた」（朝日、2018年10月２日）そうです。こうして2018年９月の日米首脳会談で新たな通商交渉の開始が決定されました。そこでの**日米共同声明**は、今後の日米関係を方向付ける点で決定的なので、逐条的にみていきます。

第１項では、大統領は相互的な貿易、貿易赤字の削減の重要性を指摘し、第２項では、具体的手段として日米間の貿易・投資を「互恵的な形で」さらに拡大する、としました。要するにアメリカは貿易赤字の削減を第一の交渉目標にしています。

第３項は交渉範囲について、日本側は“Trade Agreement on goods”のみでサービス等には及ばない、として「日米物品協定」（TAG）と命名しましたが、アメリカ側は「サービスを含むその他重要な分野」を含むとしました（後述）。

第４項は、「上記の協定の議論の完了の後に、他の貿易・投資の事項についても交渉」するとし、全ての通商分野の交渉を約束したことをダメ押ししています。加えてムニューシン財務長官は「円高誘導を禁じる為替条項」を「米国の目標」としています[(17)]。ライトハイザー通商代表は、NAFTA（ア

(17) 朝日、10月14日。安倍がアベノミクスによる異次元緩和政策をとった時から（従ってTPP交渉中から）、アメリカは一貫して同政策による円安を為替操作とみて、TPPに為替条項を入れることを主張していた（軽部謙介『ドキュメント　強権の経済政策』）岩波新書、2020年、第６章。

メリカ・カナダ・メキシコの自由貿易協定）を改訂したUSMCAが「今後の通商交渉のひな型」となるとしましたが、そこにも為替条項が入っています。為替条項で円高に追い込まれたら、アベノミクスは崩壊します。

第５項は、日本は、農林水産品について過去の経済連携協定（TPP11など）で約束した市場アクセスの譲許内容が最大限であること、アメリカは、市場アクセスの交渉結果がアメリカの自動車産業の製造及び雇用の増加を目指すこと、との立場を尊重するとしています。

ここには「日米FTA＝農産物とクルマの取引」であることがあけすけに語られています。かつアメリカはたんなる「アクセスの平等」ではなく、貿易赤字の解消、アメリカ自動車生産の「増大」という「結果が全て」なので、これは日本側の輸出数量制限という管理貿易になり、日本がいくら農産物で譲っても、自動車への攻撃をかわせないことを意味します。

第６項が極めて重要です。「日米両国は、第三国の非市場志向型の政策や慣行から日米両国の企業と労働者をより良く守るための協力を強化する。したがって我々は、WTO改革、電子商取の議論を促進するとともに、知的財産の収奪、強制的技術移転、貿易歪曲的な産業補助金、国有企業によって創り出される歪曲化および過剰生産を含む不公正な貿易慣行に対処するため、日米、また日米欧３極の協力を通じて、緊密に作業していく」。

ここで「第三国」とは中国を指します(18)。これはいわゆる中国条項と呼ばれるもので、前述のように既に先の米・カナダ・メキシコ間のUSMCA協定の32.10条に「非市場国家とのFTA」として入っているものです。すなわち１カ国（カナダ、メキシコ）が非市場国家（中国）とFTAを交渉する場合は、他の２国（アメリカなど）に通知・情報提供し、他国は６カ月前の通知により本協定を終了し、残りの２国間協定とするという規定で、要するに中国とFTAを結ぶ国を排除する対中国FTAの禁止条項です。

第７項は「協議が行われている間、本共同声明の精神に反する行動を取ら

(18) 春名幹男「トランプ政権が“毒薬”の『中国排除条項』を日本に要求する」（2018年10月23日、文春オンライン）。

ない」。これは言い換えれば、協議を中断したりしたら直ちに自動車等への高関税を課すという脅しでもあります。

USTRは2018年12月21日には、対日「**交渉目的の概要**」で22項目を示しました。なかには、農産物の関税削減・撤廃、通信・金融を含むサービス貿易、自動車の雇用・生産増、デジタル貿易、投資、知的財産、医薬品・医療機器の手続き的公正、環境、政府調達、紛争解決（ISDS等）など、国民生活や日本経済に甚大な影響を与える事項がすべて入っています。また前述の中国条項（「日本が非市場国とFTAを結べば、透明性を確保し、適切な行動をとるための仕組みを設ける」）や「競争の優位を不公正に得るため」の為替操作の禁止が盛り込まれています[19]。

TPP11や日欧EPAの発効により、アメリカ農業界はトランプのTPP離脱の直接の被害を受けることになり、それが最も強い酪農業界は、TPPの乳製品の低関税枠や関税削減期間をさらに拡大・短縮することを求めています[20]。牛肉・豚肉については「TPP同等か以上」、コメについては、TPP12のアメリカ枠7万トンに対し、15万トンへの拡大を要求しています。

2．日米通商交渉の経過

ウソではじまった日米通商交渉

交渉はしょっぱなから名称・範囲をめぐり食い違いを見せました。安倍首相は前述のように、結ぶのは物品だけの協定（TAG）であり、「これまで日本が結んできた包括的なFTAとは全く異なる」と強弁しましたが、アメリカはFTAと割り切っており、TAGという名称は内外ともに全く通用しません[21]。

---

(19) 朝日、日農、2018年12月23日。

(20) 政府試算では、牛乳乳製品の影響額はTPPとTPP11でほぼ同額で、アメリカの影響を〈TPP－TPP11〉として計算することすらできない。

(21) TAGは「霞が関の信用失墜を招いた」とまでされる（『選択』2019年1月号、50頁）。

日本側が単なる物品協定（TAG）としたのは、①アメリカとのFTAを否定してきた内外への公約に反する、②FTAだと農産物全般が対象になる印象を与え、来る参院選で農業票を逃がす、からでした。

しかし首相がTAG＝非FTAだと言い張れば、FTAには許された、ガット・WTO協定の「最恵国待遇（ある国への譲許は全加盟国へのそれになる）の例外措置」を受けられず、日本のアメリカへの門戸開放が全加盟国へのそれになってしまいます。

2019年４月末の首脳会談―致命的な「借り」を作った

安倍首相は、中国との貿易戦争の最中にあるアメリカにのこのこ出かけ、2019年４月26日の首脳会談で、自動車、農産物、デジタル・サービス等の交渉から始めることに合意しました。

しかるに共同記者会見では、トランプが、「５月末合意」、「日本は、長年、米国の農産品に高率の関税をかけており、撤廃したい」とぶち上げました。安倍首相は農産物の関税撤廃が共同声明に反することには全く反論せず、非公開の席に移ってから、トランプに「７月は参院選があるから、それまでは無理だ。20年秋の大統領選のことはきちんと考えている」と言ったそうです（読売、４月28日）。

各紙ともほぼ似たり寄ったりの報道でしたが、日経は、５月８日に至って、安部首相の発言をさらに詳しく「先の５月というのはダメです。日本では夏に選挙がある。その前には妥結できない」、「大統領選が来年あることはわかっている。それまでにちゃんと形にするから安心してほしい」と臨場感たっぷり紹介しました。要するに安倍は、「とにかく参院選後まで待ってくれ。参院選後ならどんな要求でも丸呑みする」と言ったのです。

これは日本にとって致命的です。第一に、米国に対して決定的な借りをつくることで、選挙後の白紙手形を出してしまった。こんな拙劣な外交交渉はありません。第二に、参院選の勝敗は１人区農村部にかかっていますので、「参院選後」ということは、農産物で「借りを返す」ことに等しく、それを隠して農村票をだまし取ろうということです。第三に、それは参院選での自民党勝利という党利党略に通商交渉を利用するという国を売る行為です。夏の国政選挙はこのような欺瞞を問う選挙です[22]。

片や肝心なことを隠して選挙に臨もうとする安倍首相、片や交渉成果を選挙で問おうとするトランプ大統領、一体どちらが駆け引き上手で、かつ民主的あるいは政治的に「誠実」でしょうか。

2019年５月末首脳会談―TPP上限論を無視された

５月末にはトランプが国賓待遇で来日し、相撲見物、炉端焼き等での安倍の「だきつき外交」「接待外交」になりました（加えて天皇即位の政治利用）。トランプは記者会見で、今度は「８月決着」を口にし、「安倍首相は一瞬、けげんそうな表情を見せた」（日経、５月28日）。安倍は、「日米ウィンウィンとなる形の早期成果達成に向けて、議論をさらに加速させることで一致」したとしましたが、トランプは「ウインウイン」を真っ向から否定し、「日米間には長年にわたって信じられないほどの貿易不均衡が続いてきた。日本が大いに優位に立ってきたが、日本とはディールができると思う。TPPなんて関係ない。米国を縛るものではまったくない」と啖呵を切りました（日米首脳会談冒頭発言要旨、朝日、５月28日）。

「TPPなんて関係ない」とは、アメリカのTPP復帰という日本の建前論への嘲笑であると同時に、先の2018年９月の共同声明の第５項を無視するものです。第５項は「日本としては農林水産品について、過去の経済連携協定で約束した市場アクセスの譲許内容が最大限である」という立場をアメリカが「尊重する（respect）」とするとしています。

---

(22) ７月参院選では与党は６議席減の71議席で改選過半数を制した。しかし農村部の多い１人区では22勝10敗、東北・甲信越６県では３勝６敗（岩手、宮城、秋田、山形、新潟、長野）に終わった。このうち、岩手、宮城、秋田、山形では農協系の農政連が押す自民党候補が負けている（日本経済新聞、2019年８月18日、吉田忠則「サヨナラ『コメの政治』）。農業県でも自民党が農協組織票に依存できない構造になった。

しかしトランプとしては「TPPなんて関係ない」は当然でしょう。「過去の経済連携協定」すなわちTPP等での「譲許内容が最大限」だったら、なんでわざわざTPPを離脱したのか訳が分からない。TPP超を勝ち取らなければ、TPPを離脱した自分の責任が問われることになります。

先の第５項は、続けて「米国としては自動車について、市場アクセスの交渉結果が米国自動車産業の製造及び雇用の増加を目指すものであること」を日本国が「尊重する」とあります。これは「製造及び雇用の増加」の結果が出るまでトコトン交渉することの「尊重」です。そして日本はアメリカに農産物について「尊重」してもらうなら、日本もアメリカの自動車について「尊重」すべきことになります。それが日本にとって耐えがたいとすれば、日本の農産物についての「尊重」もチャラというのがトランプの本意でしょう。

トランプの発言は一見乱暴に見えて、実は首尾一貫しています。というより、そもそもトランプは細かな交渉経過等は頭に入れておらず（そもそも公文を読んでいない？）、自分の主張のみを繰り返しているのでしょう。

片や日本は、もし日米FTAでTPP超を約束したら、今度はTPP11参加国が黙ってはおらず、それに妥協すれば今度はアメリカがさらに…ということになり、玉突き的なとめどなき市場開放になってしまいます。

日米FTAの内容予測の甘さ

妥結内容については次のような予測があります。「日本にとっては、日本側の関税の増減が米国側に大きな影響を与える農業分野の交渉カードを武器に、自動車などの保護主義的な要求を跳ね返す構図になりそうだ」（朝日、2019年４月13日）。「米国が求める日本の農産物の関税引き下げは、米国が日本車にかける関税の引き下げとパッケージでなければできないと理解させるべきだ」（細川昌彦、朝日、５月28日）。特に後者は農産物関税引き下げ容認論で、本書と立場は違うかも知れませんが、農産物を交渉カードにして自動車の利益を守ろうとする日本側のもくろみについての理解は同じです。

しかしそれは甘い。アメリカの狙いは「農産物もクルマも」でしょう。「日本車にかける関税」を引き下げたところで、高だか2.5％です。米国が車の貿易赤字の縮小のために打ち出してくるのは、日本車の輸入数量制限でしょう。既に米・メキシコ・カナダ協定（USMCA）の交渉で、米国はまず高関税をかけると脅したうえで、年200万台までの輸出にはその高関税を免除するという形での輸出自主規制を提起しています。いいかえれば農産物を生贄にさしだせばどうにかなるものではない。オールジャパンでの対決が必要です。

また為替条項に代わり、通貨安誘導と認定した相手国に対して、その損害を埋め合わせる「相殺関税」案も新たに出ています。

３．日米通商交渉の特徴

短期決戦

2019年９月26日、日米通商交渉の結果が合意されました。交渉結果は貿易協定とデジタル協定の２つからなります。貿易協定自体は「ミニ協定」に過ぎませんが、デジタル協定という次なる布石を打つことで、交渉全体の奥行きは格段に深まりました。

交渉期間がぴたり１年というのは、通常は数年かかる通商交渉に比べてあまりに短い。その理由はひとえにアメリカ大統領選（2020年11月）に日程を合わせたからです。それに間に合わせるためには2019年夏まで合意にこぎつけることが必須です。これまでも日米通商交渉はアメリカの政治日程に合わせたものでしたが、今回はそれが余りに露骨でした。

2019年交渉は、この日程に合わせて交渉範囲をギリギリに絞りこんだ「ミニ合意」（日本経済新聞９月27日）にほかなりません。このことが交渉の性格全体を規定します。

交渉ポジションの逆転

交渉ポジションは本来であればアメリカが守勢のはずでした。

第一に、第１節末尾でみたように、アメリカは自らTPPから飛び出したために、農産物の対日輸出ではTPP11国に対して決定的に不利になり、貿易額を減らしました。その挽回をはからねばならないアメリカは、本来なら他の面での譲歩を日本に迫られる立場でした。

第二は、政治状況です。安倍首相は交渉を参院選の後に伸ばしてもらうようトランプ大統領に懇願しましたが、参院選自体は制度的に政権交代につながるものではないのに対して、大統領選はまさに政権をかけたもので、政治的切迫度はトランプの方がはるかに大きく、それだけ交渉の立場は弱かった。にもかかわらず実際の交渉ポジションは「攻めのアメリカ、守りの日本」と逆転してしまいました。

もっとも参院選が不振なら安倍も総裁４選が危うくなります。御身大事の点では安倍もトランプと変わりません。ということは、二人とも、国益をかけた通商交渉を、一政治家一政党の利害に従属させてしまった点で似た者同士です。

なぜ立場が逆転したのか。言うまでもなくトランプの「ディール」によるものです。トランプは安全保障を口実に、中国はおろか同盟国にまでなりふり構わず追加関税と言うウルトラ高関税の脅しをかけました。それに対して各国は報復関税をかけるなど抗戦していますが、そうしないのは日本だけ。要するにトランプの「あおり運転」におびえたことで立場が逆転してしまったのです。

交渉目的の非対称性

こうして日本にとっては、乗用車・自動車部品へのウルトラ高関税を逃れることが交渉の唯一最高の目標になってしまいました。それに対して、アメリカの交渉目的は、大統領選におけるトランプをいかに有利にするかに尽きます。その他のことは行きがけの駄賃に過ぎません。全体として、2019年交渉（協定）の全ては、この「トランプ再選応援FTA」という点から説明されます。

そもそもウルトラ高関税自体がWTO違反であり、本来、独立国としての日本がすべきは、報復関税をかけるか、アメリカへの食料依存度が高すぎてそれができないなら、せめてWTO提訴すべきです。しかも安倍首相は、農産物については関税引き下げ等は「TPP水準まではOK」と早々に唯一の交渉カードを使い切り、こうして緒戦での構えと気合で勝負はついてしまった。

その他の特徴として、物品協定とデジタル協定の分離と統合と言う点がありますが（後述）、以下では両者の内容を確認します。

第３節　日米貿易協定とデジタル協定

１．日米貿易協定の内容

自動車への追加関税は避けられず

肝心の自動車への追加関税は避けられたのか。この点について、９月25日の共同声明は「これらの協定が誠実に履行されている間、両協定及び本共同声明の精神には反する行動をとらない」と婉曲的にしか触れられませんでした。こんな遠回しの文言で、トランプがその最大の武器にしている追加関税の脅しを手放すはずがありません。彼は大枠合意（８月）後も「私がもしやりたいと思えば、後になってやるかもしれない」と公言しています（朝日、９月25日）。

「日本は、追加関税が発動される場合、協定を失効させるという明確な『確約』を求めたが、米国側が反発した」ことを、ニューヨーク・タイムズ紙を引く形で東京新聞社説（９月27日）が伝えています。

結論的に言って、安倍の「ウチだけはウルトラ関税を勘弁してね」という対トランプ哀訴外交は屈辱外交の汚名を得ただけに終わりました。

コメ問題

日米貿易協定の農産物に関する概要は**表2-4**に引用した通りです[23]。TPPとの違いだけを見ていきます。

表 2-4　日米貿易協定の概要

	品目	TPP（2015 年 10 月大筋合意）	日米貿易協定
輸入	米	SBS 方式の米国枠（当初 5 万トン→13 年目以降 7 万トン）を設定	米国枠は設けない
	牛肉	SG 付きで関税を 9%まで 16 年かけて段階的に削減	・発効後すぐに TPP11 参加国と同水準まで関税を削減。その後、9%まで、段階的に削減 ・TPP と別枠で SG を措置。TPP11 協定が修正されれば、23 年度以降は TPP 全体の発動基準を適用
	豚肉	SG 付きで従価税は 10 年かけて撤廃、従量税は 50 円／kg まで削減	TPP と同じ内容で関税を削減、撤廃
	乳製品	・脱脂粉乳、バターは TPP 枠を設定 ・チェダー、ゴーダ、クリームチーズなどは 16 年かけて関税撤廃	・TPP と同じ内容で関税を削減、撤廃 ・脱脂粉乳、バターでは新たな米国枠を設けない ・タンパク質含量が高い脱脂粉乳では、既存の WTO 枠内に国を特定しない枠（生乳換算で 5 千トン）を設定
輸出	牛肉	米国向けは 15 年目に関税撤廃	現行の日本枠（200 トン）複数国枠を合体した低関税枠（6 万 5005 トン）を確保
	自動車	・乗用車の関税（2.5%）を 25 年かけて撤廃 ・自動車部品は 8 割以上で関税を即時撤廃	関税撤廃の協議は継続

注：全国農業新聞 2019 年 10 月 4 日より引用。

まずTPPにはあったコメの７万トンのアメリカ輸入枠を、今回は設けないことにしました。2018年末のUSTR（通商代表部）の意見公募に対して、最大手のコメ業界団体のUSAライス連合会は、15万トンの輸入枠を要求していたところ、TPPでは７万トンに値切られ、今回はゼロになったことに対して、輸入枠拡大と輸入差益の引下げを要求しています（日農、2018年12月４日）。

にもかかわらず今回、米国が輸入枠の確保拡大に動かなかった理由は、コメを交渉マターにしたら交渉が長引き、トランプ再選選挙に間に合わないという懸念があったからではないでしょうか。

注（22）でみたように参院選で秋田、岩手、宮城、山形、新潟で自民党候

(23)『令和元年度　食料・農業・農村の動向』(2020年度農業白書）は「トピックス２」で日米貿易協定をとりあげた。

補が落選し、農政連の全国区候補の得票も少なかった。安倍にとってもコメは依然として鬼門です。

牛肉セーフガード

牛肉等のセーフガード（SG、輸入急増の場合に関税を元の水準に戻せる措置）とその発動基準（輸入がそのトン数を上回ったらSGを発動できる基準）についてです。政府の「概要」では、米国からの牛肉輸入のSG発動基準は、2020年度24万トンからはじめて2033年度74万トンに緩和します（発動基準が弱まる）。日本としては、TPPではアメリカも含めて20年度で61万トンでしたが、日米協定ではアメリカ分が別枠としてプラスされ、計89万トンまで発動基準が緩和されてしまいます。それが33年度だと計103万トンになり、現状でもTPPのSGは、政府も認めるように、発動不能な緩い水準になっているのに、ますますそうなってしまいます。

そこで協定では「2023年度以降については、TPP11協定が修正されていれば、米国とTPP11締約国からの輸入を合計して、TPP全体の発動基準数量を適用する方向」で合意しました。TPP11の修正が成功すれば、23年度についてはTPP枠（現実にはTPP11枠）65万トンと米国枠26万トンの計では91万トン（33年度だと103万トン）になるところ、65万トン（同74万トン）に抑えられるわけですが、「修正」は極めて難しい。豪、ニュージーランド等の牛肉輸出国からすれば、日本が、勝手にTPPを飛び出したアメリカとFTAを結ぶことを理由に、「アメリカ分だけ差し引いてくれ」というのはあまりに虫が良すぎるからです。修正するにしても、それなりの代償を求められるでしょう。

アメリカとしては、天井（SG発動基準）が米国のみの高さ（2023年なら26万トン）からTPPの高さ（同65万トン）へ緩和されるわけで、同国産が日本でのシェアを高めれば、SGの発動を免れる可能性が高まることになり、痛くもかゆくもない話です。

乗用車・自動車部品の関税

日本の対米輸出に対する関税は、TPPでは、乗用車は25年かけて、自動車部品では即時撤廃することになっていましたが、2019年交渉では継続協議になりました。

この点について日本側は、「関税の撤廃に関して更に交渉する」と訳して、あたかも「関税撤廃というゴールに向けての交渉」の意にとれますが、英語原文は "be subject to further negotiation with respect to the elimination of customs duties" で、「関税撤廃するも**しないも**交渉次第（be subject to）」となっています。かくして交渉はTPP以前に戻ってしまったのです。

なぜ日本側がTPPより後退したのか。これまたトランプ再選に向けての、彼の選挙地盤への配慮です。こうして「農業で譲る代わりに自動車を守る」という日本政府の思惑どころか、「農業も自動車も譲る」という完敗になりました。

なお日本の自動車メーカーからは「2.5％の自動車関税が撤廃されるかどうかはさほど重要ではない」といった声もあるようです（日経、９月27日）。しかし仮にそうだとして、日本の対米輸出の増大が止まらなければ、次は追加関税や輸出数量制限などの本物のオオカミが出てきかねません。それを防ぐためにも、関税撤廃とその時期をせめてTPP並みにきちんとしておくべきでした。

トウモロコシ輸入問題

８月下旬のG7での日米首脳会談で浮上した問題です。日本が米国から275万トンの飼料用トウモロコシを緊急追加輸入するというもので、首脳会談の席上、トランプに促されて、安倍首相が害虫被害を口実に認めました。

当面は単年度の話ですが、トランプが、大筋合意にプラスして「余っているトウモロコシも全て日本に買わせる」ことができたと自らのディール力を誇示するために利用できた点では、日米貿易交渉の一環だと言えます。

報道ではいくつかの背景が指摘されています。第一は、自動車への追加関税を回避するため（日経、９月15日）、第二は、コーンベルト地帯でのトランプ劣勢挽回のため（同上）、第三は、トウモロコシの４割を占めるエタノール原料仕向が、トランプによる石油精製への混入義務付けの緩和により減少することで、価格が急落したことをカバーする（朝日、９月24日）というものです。

いずれにしても、米国の都合に合わせる形で年間輸入の1/4にも相当する緊急輸入をすることはトランプへの大きなプレゼントです。

２．日米貿易協定の結果は

貿易協定はウィンウィンだったか

農水省は影響試算を行い、これまでのメガFTAと同様、生産額は減少するが、万全の国内対策より、生産量・自給率は下がらないとしています。そして生産額が600～1,100億円減少するとし、内訳は牛肉43%、豚肉と牛乳乳製品が各20%前後、鶏卵・鶏肉も合わせた畜産物は92%も占め、これまでのメガFTAよりも畜産への影響が大きいです。

共同声明に際して安倍首相は「ウィンウィンの合意」と自賛しましたが、トランプは農業団体幹部を会場に招き、「幸せだろう?（日本の輸入で）すごい金が入ってくるから」と豪語し、ライトハイザーUSTR代表は8月の大枠合意に際しても、「この合意で70億ドルを超える農産品の市場が開かれる」とし、最終合意については「我々は農業の圧倒的大部分を手に入れた。（米国側の）乗用車や自動車部品は含めなかった。我々が（関税削減などの譲歩で）支払った分は、日本よりもずっと少ない」と勝利宣言しています（朝日、9月27、29日）。日本政府試算の影響1,100億円に対して、トランプの70億ドルは6～7倍も違いますが、いずれにしても「ウィンウィン」とは言えないようです。とくに「乗用車や自動車部品は含めなかった」の発言は重大です。

しかもたんなる勝敗だけでなく、日本がトランプの脅しに屈服したことは日本にも世界にも大きな禍根を残しました。

第一に、日本が、トランプ流の「ディール」、要するに法外なふっかけをして相手を交渉に引きずり込み、屈伏させるというヤクザもどきの無法を許してしまったことは、国際通商交渉に大きな傷を残しました。もっとも脅しに簡単に屈服するのは日本だけかも知れませんが。

第二に、米国をTPPに復帰させるのが日本の通商戦略だった。しかるに日本が日米FTAを結ぶということは、もはや米国のTPP復帰がありえないことを認めたことになり、日本外交の自己否定的な敗北を意味します。

第三に、それどころか「日本が主張したTPP11は『米国と２国間交渉はしない』と申し合わせたうえで交渉入りしていた」（日経、2018年９月28日）ことへの国際的な信義違反です。

ダーティ FTA

協定には「ダーティ（汚い）」な面が二つあります。

第一は、前述の名称をめぐってです。2018年９月26日に日米貿易交渉が始まった時、日本はあくまで「物品協定」（TAG）の交渉であって、包括的なFTA交渉ではないと強弁しました。その日本側の顔を立ててか、2019年交渉（協定）も「貿易協定」と「デジタル協定」の二本立てになりました。しかし前者の名称も日本が主張するTAGではなく、アメリカ側の「米日貿易協定」（USJTA）に決まりました。

それに対して日本はTAGという主張を蒸し返そうともせず、FTAであることを黙認しています。FTAでなければ対米譲許が最恵国待遇として他国にも適用されてしまいますので、日本としても困るのです。

要するに2019年協定は、「トランプの脅しと安倍のウソ」のダーティな産物です。

第二は、WTO上の位置付けです。WTO協定では、FTAは「実質的な全ての貿易」について関税撤廃が要件になっており、それは慣例的に貿易額の90％以上とされています（拙稿「FTAと農業」『ESP』2003年12月号）。それに対して日米貿易協定は、米国の自動車関税の撤廃がないので、この要件をみたせず、WTOの自由貿易を乱すという批判が自由貿易論者等からも出ています。

それ自体は当たっていますが、90％は法的規定ではなく、日米がWTOに両協定をFTAだと通報すれば、他国から告訴されない限りそれで終わりです[(24)]。

次なるステップへ

まず日米貿易協定に書き込まれているステップとして、「（附属書１）」に「（注）アメリカ合衆国は、将来の交渉において、農産品に果敢する特恵的な待遇を追求する」とあります。要するに**表2-4**で、TPPには盛り込まれていたが今回は時間切れでペンディングしたコメ、脱脂粉乳、バターの米国枠などをはじめとして、米国は農産物全体について「特恵的な待遇」を要求する予告をし、日本がそのことを認めたわけです。

また「交換公文」では、アメリカ産牛肉等について日本がSG措置を取った場合に「発動水準を調整するための協議を開始する」ともあります。これは発動水準を高めてSGを発動しにくくすることに他なりません。これではSGの意味がありません。

次に、共同声明は「発効後、４カ月以内に協議（consultations）を終えて、関税その他の貿易制限、サービス貿易・投資に対する障壁、その他の課題の交渉（negotiations）に入るつもりである」と述べています（政府訳とは違えています）。要するに４カ月以内に交渉事項を「協議」し、次の段階の「交渉」に入るというわけです[(25)]。

ライトハイザー米通商代表も「来年５月にも『できれば完全なFTA（自由貿易協定）』に向けて議論すると説明」（朝日、９月27日）しています。つまり2019年日米貿易協定は、「完全なFTA」に向けての「中間協定」（WTO

---

(24) しかし、通常は発効日かそれ以前になされるWTOへの「通報」が、発効後半年以上たってもなされていない（日農、2020年７月23日）。これは「ダーティ」を超えたWTO協定違反であり、国際法上の性格が問われる。

協定24条）に過ぎません。

では日米通商交渉はどこに向かうのか。2018年９月26日の日米共同声明では、物品貿易、他の重要分野（サービスを含む）の「協定の議論を完了の後に、他の貿易・投資の事項についても交渉を行う」としていますが、次のデジタル協定がその示唆を与えます。

３．日米デジタル協定と日米交渉の行方

日米デジタル協定

政府の「概要」でポイントのみを見ますと、①「輸入・販売の条件として、ソフトウェアのソースコードやアルゴリズムの移転等を要求してはならない。但し、規制機関や司法当局の措置については、例外がある」。②「SNS等の双方向コンピューターサービスについて、情報流通等に関連する損害の責任を決定するにあたって、提供者等を情報の発信主体として取り扱う措置を採用し、また維持してはならない」とあります。

これらは総じて「現時点で世界で最も企業に有利なルールを持つ協定」であり[(26)]①については「特定の例外を除けば、政府当局は企業にソフトウェアやAI等のアルゴリズムの内容開示を要求できないと言うものだ。米国の大手のプラットフォーマーやIT企業が強く求めて来た規定」とされています（同）。要するにグーグル、アマゾン、フェイスブック、アップルといったGAFA等の要求です。

---

(25) ライトハイザー通商代表は、2020年６月17日の議会公聴会で、追加交渉は「数カ月以内に始まるだろう」とした。日本は、関税分野の追加交渉は自動車・同部品以外は想定していない、農産物が議論の俎上に上がることはないとしているが（日農、６月20日）、日本の思惑に過ぎない。最近は、アメリカもコロナを受けて、「『第２段階』急がず」の姿勢である（朝日、８月27日）。

(26) 内田聖子「多国貿易体制を脅かす日米貿易協定」『ハーバー・ビジネス・オンライン』2019年10月７日。同「日米デジタル貿易協定」『文化連情報』2019年12月号。内田の説明では「ソースコード」は「ソフトウエアの設計図」、「アルゴリズム」は「AIなどを運用するために必要な計算方法」。

②については、ニューヨーク・タイムズ紙が「米巨大IT企業が訴訟に巻き込まれるのを防ぐ条項をトランプ政権が書き入れた」もので、米国はEUにも提案しているが、EUが「受けいれるとは思えない」と報じているとのことです（朝日、10月10日）。

日米通商交渉はどこに行くのか

デジタル協定が示唆する方向を考えます。

第一に、オバマ前政権は、TPP等を通じるグローバル・ルールづくりによって中国を封じ込める戦略であるのに対して、トランプのそれはルールづくりよりも昔ながらの関税戦略だとみなされてきましたが、実は最先端分野でグローバル・ルールづくりのイニシアティブを握ろうとする点では、オバマ政権以上にグローバル・ルールづくりを通じる覇権国家戦略を追求しているといえます。

それは国家戦略であると同時に、アメリカの巨大プラット・フォーマー・IT企業のあくなき私利追及を国家的にバックアップし、EUや日本をもそれに飲み込もうとするものです。

第二に、デジタル協定は「TPPの電子取引章をベースにしつつ、2018年に妥結したUSMCA（NAFTA再交渉の結果）に入れられたデジタル貿易章を踏襲したもの」（内田、前掲）です。そのUSMCAには中国条項（中国とのFTAを禁じる条項）や為替条項（為替操作を理由とした報復的な関税引き上げ等）が入っています。

しかるに2019年日米協定には、それが入っていません。なぜかといえば、これまた同協定が時間的制約から対象を最小限に絞ったからです。いいかえれば、時間的余裕のある近い将来に、中国条項や為替条項の本格的導入が図られるでしょう。USMCA（米国・メキシコ・カナダ新FTA）は、デジタル貿易ともども、その先例を示しています。

とりあえず既定路線での「完全なFTA」に向けての本番はこれからです。米国は、自動車の追加関税・関税撤廃、日米安保条約の費用負担・廃棄、といった数々のオプション付きカードを手にしつつ、先の「交渉目的の概要」にリストアップされた全項目について攻めて来るでしょう。

そしてその先には、前述のように日本を米国の支配下に封じ込めつつ、米中対立の先端に日本を動員する覇権国家戦略があります。そのようなジクゾーパズルの、ごくごく小さなピースの一つとして2019年日米貿易協定はありました。

第４節　まとめに代えて―米中対立時代の日本

１．まとめ

TPP、そこからのアメリカ離脱、TPP11、日欧EPA、日米通商交渉と事態はめまぐるしく展開してきました。その最大の背景をなすのは、アメリカ覇権国家戦略です。TPPは、オバマ民主党政権のグローバルルール・メーカーとしての覇権国家戦略（グローバルルールの制定者こそがグローバル化時代の覇権国家たりうる）に基づいていましたが、トランプ大統領はアメリカ・ファーストの追求を通じる覇権国家戦略をとりました。

オバマにとってはTPPこそが覇権国家として踏みしめるべき道でしたが、トランプにとってはアメリカ・ファーストの阻害物でしかありませんでした。しかしTPPから離脱したことは米中対立においてアメリカを決定的に不利にするでしょう。ですからいずれアメリカはTPPに復帰し、中国包囲網として利用しようとするでしょう。

日本は、日米同盟の中で、一貫してアメリカとの二国間の通商交渉を避けてきました。二国間軍事同盟（アメリカの核の傘）の下では一方的に経済的譲歩を迫られるだけだからです。その意味では、WTO交渉も、TPP交渉も日本にとってはウエルカムでした。TPPと並行して日欧EPAを交渉し、RCEPに参加するのも、一面ではアメリカ主導のTPPとのバランスを考えてのことでしょう。

本章冒頭で、茂木大臣が、TPP11の発効に際して「日本が一貫して主導的な立場でとりまとめたのは初めて」と自賛したことを紹介しましたが、その本音はTPP11というマルチの場を残し、そこへのアメリカの復帰を希う形で、アメリカとの二国間交渉を避けることでした。しかしそれはかなわず、またもやアメリカとの二国間交渉に取り込まれたのは見てきたとおりです。

このような荒波を乗り切ってきた点では、日本の交渉能力は相当のものともいえます。しかしその結果は、「メガFTAに四方を囲まれた日本」であり、そのなかで農業は存亡の危機に立たされています。

２．米中の覇権国家争いの中で

トランプは貿易赤字の解消を最大のテーマとし、とくに中国との間で関税合戦を始め、米中のみならず世界経済を混乱に陥れています。

しかし高関税政策は物財貿易が主流だった19・20世紀の手法です。グローバル化した今日、米国はサービス貿易や海外投資で稼ぐ国に転換しています。物財貿易の赤字は、アメリカの過剰消費と経済成長の産物で、米国が消費や成長を落とせば赤字は減りますから、少なくとも中国から見れば、米国の貿易赤字は米国の国内問題ということになります。

実はアメリカも他に手がないから高関税をかけているだけで、真の狙いは、前述のように、次世代情報技術（半導体や次世代通信規格5Gなど）を先頭に2049年までに「世界の製造強国の先頭グループ入り」をめざす「中国製造2025」（2015年）等の国家戦略を牽制するところにあります。

第二次大戦後の米ソ冷戦は、グローバル化以前の時代における資本主義と社会主義の体制間対立でしたが、今日の米中対立は、グローバル化時代にあって下半身の経済面では複雑に絡み合う両大国（「チャイメリカ」）が、上半身では双頭の竜として、新自由主義的資本主義・米国と権威主義的国家資本主義・中国の覇権を争うことです。さらに言えば衰退するアメリカと、2030年にはGDPでアメリカを抜く勢い中国との、覇権国家の歴史的交替をめぐる争いです。

経済的・軍事的にはいずれ中国がアメリカを凌駕しうるとしても、いわゆるソフトパワー（文化、政治的価値、外交政策）まで含めてアメリカにとって代わられるかは定かでありません。そうなれば対立は決着がつかず、より長期化します。

このような覇権国家の歴史的交替期の日本に問われるのは、たんにクルマか農業かではなく、日本という国の立ち位置、「この国のかたち」そのものです。その点を抜きにした米中新冷戦論の一面的な強調は、「だから日米安保の強化が必要」といった論調に流されてしまいます。

日米安保をめぐっては、かつてアメリカに「ビンの蓋」論がありました。要するに日米安保が日本の軍国主義化、核武装化を防ぐ「ビンの蓋」になっているという論です。それは今も、「日本や韓国は核保有国にならずにアメリカの核抑止力に頼る方が、アジアで核戦争が起きる危険は遥かに小さくなる」(27)として引き継がれています。

実はアジア諸国にも過去の歴史的経緯からして日米安保が日本の軍事大国化・核武装への歯止めになっているという日米安保評価論があり、日本の日米安保からの脱却は必ずしも歓迎されません。日本がそのような強い危惧感を払拭するには、日本は他国を破壊する攻撃的兵力をもたないとする日本国憲法９条の堅持しかありません(28)。日米FTAにその存立基盤を脅かされる農業界も、「この国のかたち」を問う国民的争点のなかに農業問題を持ち込む努力が求められます。

---

(27) P. ナヴァロ（元トランプ大統領補佐官）、赤根洋子訳『米中もし戦わば　戦争の地政学』文藝春秋社、2016年、163頁。ナヴァロは、「力による平和」を説きつつ、アメリカの根本的弱点を指摘している。第一は、中国のICBMがアメリカ主要都市を直撃しうる能力をもつなかで、同盟国に対するアメリカの核の傘（への信頼）が破れつつある点、第二は、アメリカ企業の多くが多国籍化し中国に進出すればするほど先端技術が中国に流出せざるを得ない点である。

(28) トランプは、在日米軍駐留経費を4.5倍の80億ドルに引き上げねば米軍を撤退させるとしており、日本では陸上配備型迎撃ミサイルの配備断念の代わりに相手領域内で弾道ミサイルを阻止する敵基地攻撃能力の保有論が出ており、状況が大きく変わりうる。

３．メガFTAと農業政策

日本の通商戦略として、FTAは相手によりけりで、それ自体に反対するというものではありませんが、他方で、FTAは貿易額の９割以上についての関税撤廃が条件づけられており、農業部門を除外するわけにはいきません。いわんや工業の比較優位を追求する日本が農業を除外わけにはいきません。平成の政治改革のなかで農林族が滅び、全中もまた第二次安倍政権下の農協「改革」で一社化させられて農協系統外に放逐させられたことにより、農業利害を追求する政治勢力も弱まり、「自由化反対」の声もあがらなくなりました。そこでともすれば、FTAによる農業関税の引き下げ・撤廃を結果的に受け入れつつ、国内対策として称してアフター・ケア予算を獲得することに主眼が置かれるようになりました。

TPP11、日欧EPA、日米貿易協定の影響の政府試算の合計は最大値をとれば3,740億円、2018年の農業産出額の4.1％に相当します。農業所得をとれば10％以上です。関税引き下げ・撤廃対象品目を分母にすれば、この割合はさらに高まります。これだけの生産額の減少を認めつつ、生産量も自給率も下がらないとする政府試算は、計算結果というより、そもそも食料自給率向上という新基本法の建前を計算の前提条件においた辻つま合わせに過ぎません。つまり日本は、食料自給率向上の旗を高くかかげながら、その旗の下で、クルマの輸出台数を増やしたいだけのために、せっせと自給率を引き下げるメガFTAに邁進しているわけです。しかし、その野望がコロナ危機で砕け、各国とも内需を掘り起こす経済構造への転換を図っているなかで、日本もまた、そのFTAが適切不可欠なものか否か慎重な吟味が必要です。

そのうえで必要なFTAの推進にあたって、一定の農産物関税の引き下げ等が避けがたい場合には、それを補償しうる農業政策への転換が不可欠です（これまで日本の対策は規模拡大によるコストダウンでしたが、それには限界があります）。それは1990年代にEUがたどった道であり、価格引き下げをカバーしうる直接所得支払政策が基本になります[(29)]。

このような、生産に刺激を与える（自給率の維持・向上を図る）直接所得支払政策は、WTOでは削減対象とされる「黄の政策」に分類されています。しかし例えば、TPP関連国内対策として日本ではマルキン政策の拡充（肉用牛肥育経営特別対策事業、豚肉経営安定対策、生産者が1/4負担の基金から〈平均生産費－平均価格〉の９割補塡）がなされていますが(30)、日本政府はWTOに堂々と「黄の政策」として報告しています。

詳説は避けますが、現行WTO協定上、日本の生産刺激的政策は相当程度まで可能です。もちろん税金でやることですから、どんどんやればいいということにはなりませんし、財政上の厳しい制約がありますから、まずは必要な国境保護政策をきちんと講ずるべきです。そのうえで、なおかつ足らざる分を補償することは政策の公平性からも不可欠です。こうして農業経営の安定を図ることで、輸入農産物よりも新鮮・安全・高品質による競争力を発揮できるようにすべきです。

補―RCEPをめぐって

米中対立の中で注目されるのがアメリカ抜きのRCEPです。同構想は、中国が2005年から提唱してきたASEANプラス日中韓の13カ国構想と、それに対抗して日本が07年に打ち出したインド、豪、NZを加えた16カ国構想とが合体し、2012年に交渉立上げ宣言、翌年から交渉開始されたものです。

RCEPは2019年11月までに全18分野のうち物品貿易、サービス貿易、金融・電子通信、衛生植物防疫など７分野の交渉を終了しましたが、関税削減、電子商取引、知的財産等の分野が残されています。

---

(29) 日本の直接支払い政策の現実については、拙稿「平成期の農政」Ⅵ節、田代洋一・田畑保編『食料・農業・農村の政策課題』筑波書房、2019年。

(30) ９割補塡は不足払い制度的だが、生産者拠出分は共済（保険）制度的で、かつ国の補塡は0.9×0.75＝0.675にとどまり（全国農業新聞１月17日、服部信司稿）、直接所得支払い政策として不十分である。

日本は、オーストラリアとともに関税撤廃率90％以上を主張し、医薬品特許の保護延長や植物新品種の保護等で途上国と対立しています[31]。

また対中国の貿易赤字の大きいインドが大幅な関税引き下げに反対し、とくにセーフガード措置をめぐり対立し、2019年11月には撤退を表明し、妥結は2020年以降に持ち越されています[32]。

RCEPの参加国には農業大国も多く、農産品の関税撤廃率が90％に達していない日本が、かつてのTPPにおけるアメリカのように高い開放水準を主張するのは、ここでも農業を餌にする危険性をもちます。妥結が遅れれば、日米FTAで前述の中国条項を押し付けられ、参加が危うくなる危険性もあります。国内農業や参加国の発展段階等に配慮した柔軟な姿勢が求められます。

---

(31)内田聖子「出口のない貿易戦争をアジアの民衆の視点から見る」『TAGの正体：農業も自動車も守れない日米貿易協定』農文協ブックレット、2018年。

(32)朝日新聞、2017年9月9日、18年11月10日、14日、19年11月6日、12月12日など。インドを除く15ヵ国での署名案もでている（朝日、2020年8月28日）。

第3章

食料・農業・農村基本法と新基本計画

第1節　食料・農業・農村基本法の軌跡

1．理念の誕生と遺棄

理念の誕生

1991年、農業基本法30年に当たり、時の農水大臣は、その見直しを事務局に命じた。折からガット・ウルグアイラウンド（UR）は包括的関税化案に収れんしつつあった。農業基本法の前提はコメと農地の国家管理であり、それが日本の暗黙の食料安全保障政策でもあった。しかるに包括関税化はコメの国家管理（食糧管理制度）を突き崩す。そのような状況を睨みつつ農水官僚は単独で「新しい食料・農業・農村政策」（1992年）を策定した(1)。そしてUR農業合意に向けた農政審での検討を経て、94年の「UR農業合意関連対策大綱」で新基本法制定を宣言した(2)。

新基本法の立案過程で最重視されたのはWTO次期農業交渉である(3)。日本はそれに向けて既に「WTO農業交渉日本提案」(2000年）を打ち出していた。そこでは、WTO農業協定での関税率等をさらに引き下げる「行き過ぎた貿易至上主義へのアンチテーゼ」として、「多様な農業の共存」すなわち

（1）新政策については、新農政推進研究会編『新政策　そこが知りたい』大成出版社、1992年。その冒頭で官房長は「10年後程度さらにその後の農業・農村の姿や国民への食料の供給の在り方を規定する各種の制度・政策展開のスタートラインとなるものと言える」としている。これは基本法に成り代わるという宣言に等しい。

（2）『食料・農業・農村基本法解説』大成出版社、2000年、５頁。

（3）新基本法制定に際しての1999年７月の参院特別決議、総理大臣・農水大臣談話は共通して「次期WTO農業交渉」への適切な対応を強調している。

各国農業の存続により、農業の多面的機能のさらなる発揮と食料安全保障の確立を図ることとされた。それを裏打ちするため、農業従事者の地位向上を主眼とした農業基本法を廃し、農業の多面的機能と食料安全保障を二大理念とする新基本法に差し替えた(4)。二大理念は、URにもまれるなかで磨かれ、WTO次期交渉に向けて確立されたという強い歴史規定性をもつ。

URのさらなる背景には、冷戦終結（89年）という世界史的転換があった。冷戦体制下においては、体制間対立が国内に波及し、階級層対立・社会的緊張を高め、国家には体制維持のための社会的統合政策が強く求められた（福祉国家の時代）。その最中に制定された農業基本法は、農業従事者という当時の最大就業人口である旧中間階級の所得均衡により、冷戦激化と安保闘争で高まる社会的緊張を緩和するという社会的統合機能を客観的に求められていた。

このような冷戦体制下の階級政策は、冷戦体制の終結とともに、その目的を失い、代わって、国民「みんな」のための公共政策への転換を求められる。92年新政策が最重視したのも「国民のコンセンサス」だった。

かくして新基本法の二大理念は、ポスト冷戦時代の内外政を貫く公共政策（国民的コンセンサスを得る政策）としての農業政策の基本理念になった。

他方、冷戦の終結、そして社会主義体制の崩壊は、市場経済の全地球化（グローバリズム）をもたらし、国家による市場規制を取り払った（規制緩和）。そこでは新自由主義が支配的思想、政策基調となった。こうしてポスト冷戦体制は公共性と新自由主義という二つのイデオロギーをもたらしたが、この二つは矛盾する可能性をもつ。それは新基本法（農政）も例外ではない。

理念の遺棄

すなわち、新基本法の二大理念は、WTO次期交渉を睨むという前述の歴

(4)「WTOの次期交渉をにらむと何としても多面的機能の発揮は一条を起こして適切に位置付けねばならない」（高木賢「私記『食料・農業・農村基本法』制定経過」『農業と経済』1999年臨時増刊号）。高木は当時の農水省官房長。

史規定性の故に、通商戦略の転換に左右されることになる。

21世紀初頭、WTOレベルでのさらなる自由化（ドーハラウンド）は、先進国と途上国・新興国との対立から行き詰り、自由化をめざす各国は早くもFTAに活路を求め始める（前章）。

多数国が参加したURあるいはWTOの場は、貿易のみならず、多面的機能や食料安全保障の理念を語ることができ、多面的機能グループを形成して、「非貿易的関心事項」をWTO農業協定に書き込むことができた。

しかるにFTAは「関税その他の制限的通商規則」を「実質上の全ての貿易について廃止」するという、いわば「理念」抜きの剥き出しの自由貿易の追求の場に他ならない。

日米安保条約の下で、アジア水田零細農耕のうえに輸出向け重化学工業を急構築してきた日本は、米国との二国間交渉に悩まされ続け、二国間のFTA交渉には慎重だった（前章）。農業なきシンガポールから始め、タイとのそれも農業に配慮した「緑のアジア連携協定」の形をとってきた。

しかるに小泉内閣は、「骨太の方針2006」により、WTOから「アジア中心にFTAを強化する方向に舵を取った」[(5)]。そして後継の安倍首相は、06年12月にオーストラリア首相と電話会談して日豪FTA交渉入りした。かつてURで真っ向から対決した農産物輸出大国オーストラリアとの交渉入りは、通商政策の根本的転換を意味する。そして第二次安倍政権は、前章で見たメガFTAに一瀉千里である。このような通商政策の転換とともに、新基本法の二大理念は事実上、遺棄される。

２．新基本法農政の古層と新層―内的矛盾

現実には、制定後間もない新基本法を廃棄するわけにもいかないので、政策の重心のシフトが図られる。その際、新基本法が農業基本法からの継承面をもっていることが重要である。

（5）金ゼンマ『日本の通商政策転換の政治経済学』有信堂、2016年、21頁。

すなわち、新基本法は食料・農業・農村の三本からなるが、この三本立ては歴代の農業白書の構成に明らかなように、農業基本法以来のものである(→第3節)。とくに「農村」は「総合農政」における「総合」の一環をなした。

食料安全保障は、農政審報告『80年代の農政の基本方向』(1980年)の「食料の安全保障―平素からの備え―」以来であり、供給熱量ベースの自給率は1982年度農業白書(142頁)に既に登場する(6)。同年白書は「緑資源としての農用地」「農用地の多面的な機能の社会的価値」も強調している。

新基本法は、これらのジグゾーパズルの各ピースを1枚の図にはめ込む形で、旧基本法農政から二つのアポリアを継承した。すなわち構造政策と、生産調整政策からの脱却という未達課題である。ともに前述のアジア水田零細農耕に根ざす課題として、農政の「古層」と呼びたい(7)。構造政策は農地流動化を通じる大規模経営の育成であるが、メガFTAの追求により国際競争力をもつ経営体の育成がいよいよ必要とされ、また生産調整政策からの脱却は、コメの国家管理から完全脱却し、水田作付けを市場メカニズムに委ねるという新自由主義農政の悲願である。

問題は、この旧基本法以来の二つ未達課題(古層)の追求が新基本法の二大理念(新層)と矛盾しかねない点である。構造政策を中山間地域まで追求することは多面的機能の発揮の障害になり、生産調整政策からの脱却は「過剰」な水田面積を減らさない限り不可能であり、その追求は多面的機能にも食料安全保障にも障害になりうる。

WTO体制堅持からメガFTAへ通商政策がシフトするとともに、具体的な農政課題もまた「新層」(二大理念の追求)から「古層」にシフトする。

そういうなかで、以下、本章では新基本法の新機軸を再確認しておきたい。

---

(6)「熱量に換算して総合化する方式」は既に1973年度農業白書で提起されている。
(7)「古層」は、丸山眞男「歴史意識の『古層』」(『丸山眞男集』第12巻、岩波書店、1996年)から借用。ただし丸山の稲作社会に「古層」を求める見解は採らない。

３．食料安全保障と食料自給率

食料安全保障政策

1980年、ソ連のアフガン侵攻に対して米国が穀物禁輸措置をとった。食料＝第三の武器の実射である。国内では日経調「食管制度の抜本的改正」が出され、「影の食料安全保障政策」ともいうべき食管制度を揺さぶった。コメの作況指数87という戦後最大の大冷害となり、衆参両院で初の「食糧自給力強化に関する決議」がなされた。このような内外情勢を踏まえ先の80年農政審報告が出され、食料安全保障論が一定のリアリティをもった。そのポイントは「不測の事態への備え」としての「総合的な自給力の維持強化」とコメの公的管理だった。

食料安全保障をコメの公的管理から切り離し、多面的機能から分離独立させたのは、新基本法だった。すなわち「食料の安定供給の確保」（第２条）、基本計画における「食料自給率の目標」（15条）、「不測時における食料安全保障」（19条）である。

新基本法制定時の国会では、食料自給率の目標数値を基本法に書き込み、基本計画を国会承認事項にすべきとの意見もあった。しかし前者は別の法律を要する、後者は行政権を侵害するということで、ともにかなわず、前者は基本計画に、後者は国会報告にとどめられた(8)。

その代わり、政府案の第２条（食料の安定供給）の「国内の農業生産**の増大を図ること**を基本とし」と、第15条（基本計画）の「食料自給率の目標は、**その向上を図ることを旨として**」の国会修正がなされた（ゴチ部分）。このような経過を経て、「食料自給率の向上」は新基本法の「最大の意義」、「基本計画における目玉」になった(9)。新基本法は**食料自給率向上法**といっても過言ではない。

農業白書は、諸外国が不測の備えとしての食料安全保障政策をもつが（99、

(８)高木、前掲論文、60頁。
(９)同上、59頁。

2002年度農業白書)、自給率を自ら公表している国は、日中韓台、英、スイス、ロシア等に限られるとした(2011年度)。すなわち国際的にみて、日本の食料安全保障政策をギリギリに特徴づけるのは、「平素からの備え」としての食料自給率である。

食料安全保障政策は、「不測時の食料安全保障マニュアル」(2002年、12年から「指針」)、食料安全保障課の設置(08年)、食料自給力指標(15年基本計画)と展開してきた。しかし08年にドーハラウンドが行き詰ってからは失墜した。農業生産指数が公表されなくなり(2006年から)[(10)]、4年おきになされていた内閣府「食料の供給に関する特別世論調査」が農水省の申し出により2014年以降はなされず、食料安全保障課は2015年に「室」に格下げされた。他方で2019年には、農水大臣が議長を務め、関係閣僚を構成員とする輸出促進会議が設置された。

要するに食料安全保障政策は、安倍政権下で輸出促進政策にとって代わられた。しかし安倍政権にその意識はない。なぜなら、食料自給率=国内生産/国内消費の算式では分子に輸出も含まれ、輸出増大が国内生産をけん引すれば自給率は上昇するからである。「食料自給率を低下させつつ輸出を伸ばす」—何とも素晴らしい政策ではないか。

自給率概念の検討

そもそも日本は人口減少社会に入った。長期的には自給率=国内生産/国内消費の分母は減少する。その限りでは黙っていても食料自給率は上昇するはずである。このような人口減少時代の食料安全保障に係る指標としては、生産・消費の相対関係としての自給率よりも、潜在生産力の絶対水準を示す食料自給力の方がふさわしい。

---

(10) 農業生産額でみた自給率の変化が生産量と価格のいずれに由来するかを確認するには、生産指数・価格指数が必要である。価格指数については、基準時の生産額によるウエイト付けなど操作的な面があるが、それは指数につきものであり、同指数がとくに95年以降は長期低落傾向をたどっていることが、廃止の主たる理由ではないか。

日本の食料安全保障政策は、前述のように各国共通の不測時対応のみならず「平素からの備え」を特徴としている。それだけに「平時」と「不測時」の関係整理が必要である。

農水省は、不測時対応は前述の「マニュアル（指針）」のみとし、自給率・自給力ともにそれとは別だとしている。しかるに自給率は、前述のように輸出を含む。その理由は「いざというときに国民へのカロリー供給食料に回せることから」という仮定計算である(11)。自給力もカロリー供給力の高い作物に生産シフトしたと仮定した計算である。

つまり、食料安全保障に関する指標・指針は、①現状…国内消費を賄う国内生産の割合（輸出抜き自給率）(12)、②不測への備え…カロリー換算したり、輸出を国内仕向にしたり、高カロリー作物に転換するという仮定計算した場合の潜在供給力、③不測時政策（現行指針）の三つに分けてみるべきである。

①が**表3-1**のC、②がA・BとEにあたる。Dは経済学の一般概念で、Cとペア（足して100）になる。21世紀に落ち込みがより大きいのは、AよりもB・C・Eであり、食料安全保障上のポイント指標といえる。

③に関連しては、例えば米国同時多発テロでも「国民への食料供給には特段の支障は生じなかった」(2011年度白書)。12年度白書は、東日本大震災による飼料工場の被災、サプライチェーンの断絶等を指摘し、過去の緊急事態を列挙しているが（65頁）、現実には「指針」のレベル１（供給が平時を２割以上下回る）、レベル２（１人１日2,000kcal未満）のリアリティは乏しい。現実的な課題は、確実に異常化する地球気象下の災害列島・日本における「平素からの備え」として生産基盤を強め、自給率向上の期待に応えることだろう。

---

(11) 末松広行（前・農水次官）『食料自給率の「なぜ？」』扶桑社新書、2008年、17頁。この見解は輸出制限の規制を訴える日本の公式見解（2000年WTO日本提案）に反する。

(12) 現実にはカロリー自給率としての輸出抜きの計算は難しく、入手しやすい数値からは生産額自給率に限定される。

表3-1　食料自給率と食料自給力

単位、%、Kcal

	A. カロリー自給率	B. 生産額自給率	C. 輸出抜き生産額自給率	D. 輸入浸透率	E. 自給力
1970	60	85	75	25	2,206
75	54	83	73	27	2,080
80	53	77	72	29	2,050
85	53	82	74	26	2,076
90	48	75	73	27	2,095
95	43	74	72	28	1,995
2000	40	71	69	31	1,925
05	40	69	63	37	1,854
10	39	69	62	38	1,858
15	39	66	56	44	1,782
18	37	66	60	40	1,829

注：1）A、B＝国内生産（／（国内生産＋輸入－輸出±在庫）
C＝（国内生産－輸出）／（国内生産＋輸入－輸出）
D＝輸入／（国内生産＋輸入－輸出）
E 米・麦・大豆を中心に熱量効率を最大化した場合の１人１日当たり供給熱量（栄養バランス考慮せず、Ｂパターン）
2）データは「食料・農業・農村白書参考統計表」による。
Ｅは農水省食料安全保障室による。

４．農村政策と多面的機能

農村政策については、2015年基本計画の「まえがき」は産業政策と地域政策を「車の両輪として進める」としている。しかし新基本法第５条は、農村は「農業の持続的な発展の基盤たる役割を果たしている」としており、「車の両輪」というより、「基盤」と「上部構造」の関係にある。

農村振興策は具体的には「中山間地域等の振興」と「都市と農村の交流」に限定され、中山間地域等直接支払が政策的な新機軸をなす。しかし同政策は「農業の生産条件における不利を補正するための支援」（35条２項）に限定される。すなわち「マイナスの分をゼロに戻すもの」で、「プラスαをもたらす」ものではない[(13)]。とすればそれは、政府米価算定におけるマイナ

(13)高木、前掲論文、61頁。

ス１σ単収が平均単収に置換された1970年時点で、本来なら不足払い的に手当てされるべき「古層」政策であり、その30年遅れでの実現である。

中山間地域等に「プラスαをもたらす」には、それを超える何かが必要である。同地域が国土の７割を占めることを踏まえれば、それは国土利用構造そのものの再編を要する。

なお中山間地域等直接支払政策の法制化は最後までもつれ、WTO農業協定の地域支払規定（地域の全生産者への支払い）によりやっと陽の目をみた。もつれた原因は、構造政策や生産調整政策という古層政策の障害なるという反対である。のみならず、いわゆる日本型直接支払い政策の全てが構造政策への寄与を求められている。ここにも古層による新層の牽制がみられる。「車の両輪」論は、産業政策と地域政策を分離し、前者の一部（構造政策）が後者を従属させることに寄与している。

これらの直接支払が「地域単位の活動組織や集落への交付金」（農水大臣の国会答弁）として仕組まれたことは現実に即応しているが、それをもって「日本型直接支払」とするのは適切ではない。また立案者達も「直接支払と言う手法は、わが国農政史上はじめての導入」と意識していたが(14)、国が価格を通じないで直接に農家に所得を付与するのが直接支払の本義であれば、それは既に生産調整補助金に始まっている。それが直接支払の大宗を占める現実こそ「日本型」とすべきであり、現実の「日本型直接支払」は１割にも満たない(15)。財務当局が飼料米助成等への攻撃を強めるなか、直接支払政策という大きな括りでの農政の再構築が必要である。

５．基本計画

概ね５年ごとに食料・農業・農村審議会の意見を聴いて基本計画を定めることは新基本法の新機軸である。その2020年改定をめぐっては、主に自給率

---

(14) 高木、前掲論文、60頁。

(15) 拙稿「平成の農政」、田代洋一・田畑保編『食料・農業・農村の政策課題』前掲、Ⅵ節。

目標、国内生産基盤、農村政策が議論されている。そのこと自体に異論はないが、いささか狭すぎないか。

第一に、基本計画は本来、農政の「基本方針」「施策」を定める場である。しかるに安倍政権は、上記審議会とは別に「農林水産業・地域の活力創造本部」を設け、その「活力推進プラン」が農政の基本を決定し、それ「も踏まえつつ」議論することを審議会は余儀なくされている。これは安倍政権による新基本法無視（理念遺棄）の一環である。法治国家としては、別の政権による基本法・基本計画・審議会の復権が必要である。

第二に、新旧基本法の60年を通じて一度も上向かせることのできなかった自給率の向上「目標」設定それ自体が既にリアリティを失っており、食料安全保障上これ以下には下げられないというミニマム自給率を設定した方がよほど現実的である。

しかしそれでは新基本法をはみ出してしまうので、その枠内での課題に限れば、まず前述の「自給率」の概念をどう磨くのかである。その点で2010年の「我が国の持てる資源をすべて投入した時にはじめて可能となる高い目標」というのは、平時の自給率と不測時のそれの混同である。それに対して2015年の自給力指標の導入は、前述のように食料安全保障政策、農地確保政策として有益だ。

2020年のそれは、2015年の目標がなぜに達成されなかったかの深刻な反省のうえにたてられるべきだろう。その点で2015年計画における生産目標の達成度の低い順にみれば、大豆、小麦、野菜、サトウキビ、果実、牛肉・豚肉・生乳等である。これをみれば2020年基本計画の勝負がメガFTAの影響をどう踏まえるかにあることが分る。

前章に見たように政府のFTAの影響試算は、生産額は減るが、生産量・自給率には影響なし、というものである。それを前提にすれば、カロリー自給率目標は据え置き以上にはならず、生産額自給率は引下げざるを得ない。

冒頭、新基本法が食料安全保障と多面的機能を二大理念とした趣旨は、「行き過ぎた貿易至上主義へのアンチテーゼとして」「多様な農業の共存」という「人類の生存権」を訴えることにあったとした。その目的は、以上に資する限りでの国境政策の主張だった。自給率の低下の原因については、かつては国民の食料消費の変化、次いで国内生産の低下（1999年度白書）、そして現在は国内生産基盤の弱体化に求められている。そこで決して語られないのは、国境政策の後退の一点である。

新基本法農政は、新政策から数えれば既に30年を閲した。農業の輸出産業化、メガFTAラッシュの今日、新基本法はこのまま「死に体」化するか、二大理念とその設定目的にたちもどった再構築を図るか[(16)]、の岐路にある。

第２節　2020年食料・農業・農村基本計画

１．食料・農業・農村基本法と基本計画

新基本法は食料自給率向上法

食料・農業・農村基本法は、第１節でみたように、その検討がガット・ウルグアイラウンドの終盤、WTO成立、WTO新農業交渉の開始という農業グローバル化の最中にあった。そこでの「農業の多面的機能への配慮」「食料安全保障の確保」の主張（「WTO農業交渉日本提案」2000年）を内政面から裏打ちするものとして定められた。

新基本法にはもう一つの課題があった。それは、前身である農業基本法が制定から10年を経ずして政策規範力を失ってしまったことの反省である。そこには基本法が前提条件とした高度経済成長がオイルショック等でとん挫したという外的な事情もあった。しかしそもそも基本法は、農工間の所得均衡、「自立経営の育成」の目的を掲げたが、それを目標として数値化しなかった。そして現実に自立経営の割合がどんどん下がって行くなかで、一度も法改正されなかった。その結果、ずるずると法律規範力を失い、早期に「死に体」化してしまった（規範力喪失の根はもっと深いが）。

---

(16)生源寺眞一「新基本法制定20年　理念含め国民議論を」日農、2019年６月17日。

そこで新基本法が法規範力を堅持しつづけるために採られたのが、概ね5年ごとに基本計画を立て施策の具体化を図ることだった。基本計画では施策の基本方針、食料自給率の目標、総合的かつ計画的に講ずべき施策の三点を定め、食料・農業・農村審議会の意見を徴し、国会報告することとした。新基本法は、〈基本理念（食料安全保障）→基本計画→食料自給率目標→目標達成のための総合的施策〉という太い論理に貫かれており、食料自給率はその中核をなす。

食料自給率目標の現実

だからといって法的規範力が自動的に貫徹されるわけではない。基本理念の尊重、適確な基本計画の樹立、目標達成に向けての不断の努力が欠かせない。その点で新基本法をめぐる環境は厳しかった。

第一に、現実政治が基本理念をどれだけ尊重したかが問われる。前述のように、多面的機能と食料安全保障の二大基本理念は、WTOの成立とその新ラウンドの開始という農業グローバル化のなかで、「行き過ぎた貿易至上主義」への対抗として打ち出されたものである。しかるにWTO農業交渉そのものが早くも行き詰まり、世界各国は自由貿易協定（FTA/EPA）交渉に切り替えるようになった。

日本の小泉・安倍政権も遅れじとFTAに切り替え、とくに安倍内閣ではメガFTAを強行するようになった。こうして食料安全保障の理念は農業輸出産業化（輸出が増えれば自給率が高まるという論理）にすり替えられてしまった（前章）。

第二に、自給率目標そのものに対する疑念や軽視である。これは新基本法の制定当初からあった。自給率＝国内生産／国内消費で、消費に左右されるが、そもそも消費生活のあり方に国や政策が関与するのはいかがなものかという理由である。

これは一見もっともだが、欧米諸国では健康のためのカロリーバランスを追求する栄養政策という形で消費生活に国家が関与しており、日本農政もまた「日本型食生活」を推奨してきた。国内生産と国内消費の相対関係がいやなら、絶対水準を示す「食料自給力」（後述）という指標もある。

多くの農水官僚も自給率目標に否定的だったが、基本問題調査会や国会審議に押し切られた[17]。そもそも基本法時代に低下一直線だった自給率に歯止めをかけるのは、自立経営の育成以上に至難というのが実務官僚の実感だっただろう。マスコミは最近でもことあるごとに自給率（とくにカロリー自給率）を攻撃対象にしている[18]。もっと露骨に自給率は農水省が予算獲得するための方便だとする見解もある。

第三に、政策目標は達成されてこそ、あるいは目標に近づいてこそ意味がある。しかるに自給率目標は、そもそも「その向上を図ることを旨として」設定された（国会で追加）ので、実績が低下一途ではリアリティを失うばかりである。

その意味では新基本法もまた法的規範力を失った。新基本法・基本計画は、食料自給率目標を掲げることで極めて重い課題を背負ったのである。

２．2020年基本計画における食料自給率

目標の推移

表3-2に５年ごとの基本計画における、10年後の食料自給率目標を掲げておいた。ここにはいくつかの特徴がある。

第一に、法定目標はカロリー自給率と生産額自給率だが、前者は2010年を除き、この20年間に45％で変わらない。現実のカロリー自給率は一貫して低

(17) 食料・農業・農村基本問題調査会の専門委員だった生源寺眞一は「自給率目標については、懐疑的な人の方が多数派だった印象だ。…これに対し、栄養学や公衆衛生学の専門家から、国が方向を示すのは当然だという意見があった。最終的には経済学が譲歩したような形になった」とする（菅正治著『平成農政の真実　キーマンが語る』筑波書房、2020年。議事録を通読しての筆者の印象は必ずしもそうではない。

(18) 淺川芳裕「食料自給率は廃止するべき」朝日新聞2018年１月13日、大日向寛文「カロリーベースでも目標は改めるべき」同2020年２月６日）。

表 3-2　基本計画における 10 年後の食料自給率等の目標

単位：%

	2000 年	2005 年	2010 年	2015 年	2020 年
カロリー自給率	45	45	50	45	45（37）
生産額自給率	74	76	70	73	75（66）
飼料自給率	35	35	38	40	34（25）
主食用穀物自給率	62	63			
カロリー食料国産率					53（46）
生産額食料国産率					79（69）

注：1）2020 年の（　）内は 2018 年度実績。空欄は目標設定がない。
　　2）農水省資料による。

下しているので、目標は実績との乖離度を強めるばかりである。

2010年だけが50%と引き上げられているが、これはいうまでもなく民主党政権によるものである。自民党政権下では自給率は「実現可能性を考慮して決定」されたが、民主党政権下では「我が国の持てる資源をすべて投入した時にはじめて可能となる高い目標として設定」された。つまり定義が違う。

どちらが妥当だろうか。法律は「国内の農業生産及び食料消費に関する指針として」目標設定するとしており、それには「実現可能性を考慮」する方が妥当である。

第二に、主食用穀物自給率は2010年からは掲げられていない。主食用穀物自給率は各国とも重視している指標であり、自給率と言えば穀物自給率を指すのが常識で、かつての農業白書も主としてそれを取り上げてきた。穀物はひとつの最大のカロリー源として重視されるので、カロリー自給率の主旨と重複することを避けたのかもしれない。

第三に、生産額自給率は、2010年以降には引き上げられてきている。カロリー自給率という生産量が据え置きなのに生産額では引き上げられるのは、価格上昇や消費の国産高価格品シフトによるものといえる。しかしながら、メガFTAの影響試算でも、生産量は不変だが、生産額は関税引き下げ等を通じて減少するものとされており、目標達成は困難だろう。

第四に、新基本法における自給率の目標は、前述のように「その向上を図

表3-3　飼料作物等の生産実績と目標生産量

単位：万トン

	2015年		2020年	
	実績	目標	実績	目標
飼料作物	350	501	350	519
うち飼料用米	11	110	43	70
牛肉	51	52	33	40

注：実績は計画策定２年度前の実績、計画は10年度後の目標。

ることを旨とし」ており、字義どおりに読めば引き下げは許されないが、実際には引き下げの事例がある。一つは民主党から自民党への政権再交代に際してであり、これは前述の定義の相違や政治によるもので致し方ないとしても、2020年目標で飼料自給率が引き下げられたのは注目される。

その理由は**表3-3**に明らかである。2015年計画では飼料米110万トンへの10倍増産を掲げていた。しかし実績はほど遠かったので、目標値を下げざるをえなかった。他方で、牛肉は2015年計画では横ばいだったが、今回は大増産することにした。飼料作物を据え置き、畜産物生産を増やせば飼料自給率が下がるのは当然である。飼料米は増産すれば米価が上向くが、そうなると飼料米から主食用米への回帰が起こり生産が減少してしまう。自給率向上というより、主食用米生産調整の手段として飼料米を用いることの矛盾である。

第五に、2020年には「食料国産率」という新たな指標が登場した。

食料国産率の登場

「食料国産率」は、平成30年度農業白書に「食料自給率の新たな参考値」、「飼料自給率を反映しない食料自給率」として登場した。白書は「畜産物が国内で相当量生産されており、高品質な畜産物に取り組む生産者の努力が読み取れます」としている。輸入飼料に依存する日本の加工型畜産もがんばっているというメッセージであり、農産物輸出１兆円（新基本計画では５兆円）をめざす安倍農政に呼応したものだが、新計画案の決定間際まで「産出食料自給率」と呼ぶなどタイトルも迷走した代物である。

法定自給率の算式は次のようである。

カロリー自給率＝〈純食料（国産）×単位熱量**×（畜産物）飼料自給率**〉
／〈純食料×単位熱量〉

生産額自給率＝〈国内生産量×単価－**（畜産物）飼料輸入額**〉
／〈国内消費仕向量×単価〉

この両式のゴチ部分をカットして計算したのが食料国産率である。

要するに飼料輸入の現実を無視した、あるいは飼料自給率を100％と仮定した計算である。新計画の関連文書では、法定自給率は「国産飼料のみで生産可能な部分を厳密に評価できる」→「我が国の食料安全保障の状況を評価」、それに対して食料国産率は「畜産農家の努力が反映される。消費者の実感と合う」→「畜産業の活動を反映し、国内生産の状況を評価」と説明されている。つまり法定自給率は食料安全保障上の目標、食料国産率は畜産業の努力評価の指標というわけである。

確かにそれぞれの目的に即した目標・指標ではある。しかし問題は何のための食料自給率かである。詳述したように新計画における食料自給率はあくまで食料安全保障における「平素からの備え」の指標化であり、畜産業の努力を評価することは直接には畜産振興上のそれである。

その点で、食料国産率の表示は、第一に、類似の指標を複数並べることで紛らわしく、食料自給率のインパクトを削ぐ。第二に、カロリー源である飼料輸入の現実を考慮に入れない指標の設定は、食料安全保障のうえで決定的に重要なカロリー自給率の否定につながる。

気になるのは、2020年基本計画が、前述のように飼料自給率の目標を40％から34％に引き下げながら、その飼料自給率が反映されない食料国産率を新たに設定した点である。結果的に食料国産率の導入は、肝心の飼料自給率目標の引き下げを隠すことに作用しないか。

農水省は、新計画の改定のたびに自給率関連の新機軸を打ち出すことに腐心しているようで、とくに2020年には農業の輸出産業化という安倍農政の売りを忖度したのかもしれないが、いずれも無用である。

食料自給力の意義

2015年基本計画に際して新たに食料自給力の指標が導入された。それは「不測の事態が発生した場合、国内において最大限の食料供給を確保する必要があることから、平素から我が国農林水産業が有する食料の潜在生産能力を把握しておくことが重要」としたもので、具体的には「国内の農地等をフル活用した場合、国内生産のみでどれだけのカロリーを生産することが可能かを試算した指標」である。2020年計画では農地だけでなく農業労働力や農業技術も考慮して計算し、かつ2030年の食料自給力指標も計算した。

その趨勢等を引用したのが**図3-1**である。これによれば、第一に、新基本法が制定された頃から自給力も低下傾向をたどっている。第二に、実際のカロリー供給量に対して、米・小麦中心の作付けにシフトすれば２倍、いも類中心にシフトすれば2.7倍のカロリーを生産できる。第三に、2030年度も、

図3-1　食料自給力指標の推移

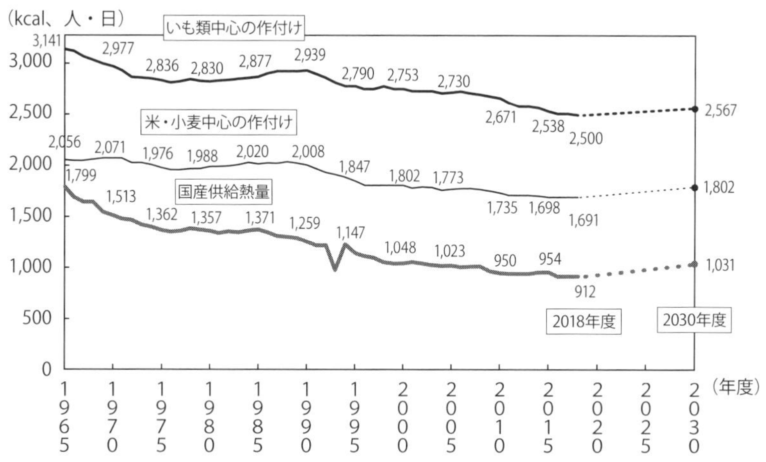

注：１）2030年度は、農地確保、単収向上、労働力確保を見込んだ試算。
　　２）農水省「食料自給率目標と食料自給力指標について」（2020年）。

現在の推定エネルギー必要量１人１日当たり2,169kcalを、いも中心ならかなり上回ることができる。

しかし、不測時といえども、そのようなカロリー摂取第一の味気ない食生活に現代人が耐えうるかは疑問だろう。新型コロナウイルスのため自粛生活を余儀なくされた上に、毎日の内食がいもだったら耐え難い。

また自給力は、自給率が消費と生産の相対関係を示すのに対して、カロリー絶対量の計算であり、消費や輸入のあり方には及ばない。とはいえ、自給力計算は食料安全保障の本義に即しており、新計画の付属文書でも食料自給力に最大のスペースが割かれている。

３．食料自給率はなぜ下がるのか

表3-2によれば、新基本法農政の20年間を通じて、結果的にカロリー自給率も生産額自給率も目標を引き上げることはできなかった。カロリー自給率45%、生産額自給率75%に概ね張り付いている。その背景として実際の自給率が一貫して低下している（**表3-1**）。2015～18年にかけて生産額自給率は若干上昇したが、それは前述したように主として価格上昇による[(19)]。

以上からすれば、基本計画の最大の課題は、いかに自給率目標を引き上げるかではなく、なぜ自給率が一貫してさがるのか。まずその要因を解明し、そこから自給率引き上げの道筋を探ることである。

平成30年度農業白書は、自給率低下は「食生活の多様化が進み、…米の消費量が減少する一方で、飼料や原料を海外に依存せざるを得ない畜産物や油脂類の消費量が増加していることが主な要因」として、1965年と2017年を図で比較している。しかしこの２時点比較は誤った印象を与えかねない。確か

---

(19) 2020年８月５日、農水省は2019年度の自給率を公表した。カロリー自給率は39%で１ポイント上がったが、小数点以下まで示すと37.42%から37.82%への0.4ポイント増、原因は主として小麦の単収増とされる。また生産額ベースは66%で変わらず。食料国産率はカロリーベースで１ポイント増、生産額のそれは変わらず、である。飼料自給率も変わらない。

表 3-4　供給熱量自給率低下の要因別寄与度

単位：%

	主に食生活面の要因によるもの	主に生産面の要因によるもの
1965～1998 年（供給熱量自給率：73%→40%　▲33%）	21	12
1985～1998 年（供給熱量自給率：53%→40%　▲13%）	5	8

資料：農林水産省試算。
注：１）「主に食生活面の要因によるもの」は、主として米の消費減や畜産物の消費増による生じた自給率の変化であり、「主に生産面の要因によるもの」は、主として小麦、野菜、果実及び魚介類の生産減により生じた自給率の変化である。
　　２）「平成 11 年度　食料・農業・農村白書附属統計表」による。

に20世紀における自給率低下は激しく、その背後に食生活の欧米化があったことは確かだ。

しかし、**表3-1**を見ると、食料自給率そのものが1990年以降に落ち込みが大きい。

古くなるが平成11（1999）年度農業白書は、付属統計表に**表3-4**を掲げつつ、食料自給率の低下要因は「長期的には食生活の変化、短期的には国内生産の減少によるところが大きくなっている」としている。長期・短期の境目は1985年あたりである。

だからグローバル化時代の自給率低下の原因を国民の食生活の変化に押し付けてはならない。国内生産の減退こそが主原因である。そしてその背景には輸入農産物による国内生産の圧迫がある。2025年目標生産量（重量）に対する2018年実績の割合（中間達成度）をみると、飼料米39%、牛肉64%、さとうきび78%、大豆66%、小麦80%、野菜81%など、飼料米を除き、輸入浸透度の高い作目において低い。加えてメガFTAでは畜産物、小麦、果実等の輸入増大が確実に予想される。

要するに、自給率低下の主因は国内生産基盤の弱体化と輸入増大であり、それに歯止めをかけるには生産基盤強化とともに、適切な国境保護政策が不可欠である。

4．食料自給率向上に向けての諸政策

2020基本計画は自給率向上に向けた諸政策について述べているが、総じて網羅的・総花的で、メリハリに欠ける。以下では特徴的と思われる点をピックアップする。

食料安全保障・国際交渉

「我が国農産品のセンシティビティに十分配慮」して、農業が「国の基(もとい)」として発展していけるよう交渉すると抽象的である。また「経営規模の大小や中山間地域といった条件にかかわらず、意欲ある農業者が安心して経営に取り組めるようにする」と一般的である。具体的には、日米貿易協定再交渉、RCEP、タイ等のTPP11参加、南米メルコスールやイギリス等とのFTA交渉など目白押しで、それに農政としてどう具体的に対処するかが問われている。

農業の持続的な発展

「これから10年程度の間に農業者の減少が急速に進む」として、認定農業者等の担い手の法人化、そこへの農地８割集積という構造政策をいささかも変えず、２割の残地で「中小・家族経営など多様な経営体による地域の下支え」する。次世代への円滑な経営継承を行なうとし、新規就農、女性の能力発揮等も強調される。集落営農は脆弱化が懸念され、域外からの人材確保、域外経営体との連携・統合・再編等を行う。スマート農業などデジタル技術の普及、「ドローンを使った作業代行」等を進める。

品目別には、従来はコメが筆頭だったが、肉用牛・酪農がトップにおかれ、水田は高収益作物への転換が促される。

経営セーフティーネット

2015年計画では収入保険「制度の法制化」が掲げられたが、新計画ではそ

の「普及促進・利用拡大」となった。確かにメガFTAの影響本格化、地球温暖化に伴う異常気象の頻発、災害列島化、水田での多様な作目の取り組み、雇用経営化に伴う経営責任の増大、そして新型コロナウイルス等の感染症の危険等に伴う収入保険へのニーズが高まってきた。また家畜・果樹・茶業・花き等の作目別基本方針でも農業共済の役割が強調されている。それを担うため「全国における１県１組合化の実現」が掲げられている。そして総合的・効果的なセーフティーネットのあり方に関して2022年までに措置を講じるとしている。

農村政策

産業政策と地域政策を「車の両輪」とした2015年基本計画を引継ぎ、農村の新たな価値の創出、定住条件整備、農村を広域的に支える仕組みを「三つの柱」として、「地域政策の総合化」を図る。原案になかった「田園回帰」への着目も追加した[(20)]。

しかし具体的には、複合経営・農泊・ジビエ・農福連携・半農半X・デュアルライフ・サテライトオフィスなど聞き慣れたメニューがならぶ。また小さな拠点・地域運営組織・関係人口など「関係省庁が連携」して取り組むとされる。そのなかで「農業協同組合などの多様な組織による地域づくりの取組を推進」が、農業専門農協化を強いた農協「改革」のなかで注目される。

新計画の「まえがき」は「国土の均衡ある発展」を強調するが、それは既に国土利用計画でも捨てられた理念である。それ自体必要なこの理念を復活させるだけの迫力ある構想が求められる。

食と農に関する国民運動

これまで「国民の参画」はあったが、政府の計画が「食と農のつながりの深化に着目した新たな国民運動を展開する」のは初めてであろう。具体的に

---

(20) 小田切徳美「農村政策は蘇ったか」『文化連情報』2020年10月号。

は国産農産物の消費、食育、地産地消の促進のようだが、国が「国民運動を展開する」というのはいかがなものか。

5．新基本法・基本計画の再建に向けて

小泉・安倍両内閣がメガFTAの推進に通商政策を切り替えた時、農政理念は食料安全保障から成長・輸出産業化に切り替えられ、新基本法は早くも死に体化させられた。

だから新基本法を捨てるのか、それとも新基本法の再建を図るのか。筆者は基本計画を手掛かりとした新基本法理念の再建を取りたい。そのためにはまず、前計画の達成状況、未達の原因の検証から始めるべきである（役所はいつもPlan Do Seeを強調している）。そのうえで未達原因をどうしたら克服できるか。そのための今後５年間の政策の重点を絞って示すべきである。2020年計画でいえば、メガFTA対応と「ひと」の確保である。

現行の基本計画の策定は行政権限に属するため、具体的な施策は総花的で、かつ財務当局に認められうる範囲に押し込められ、結局は年々の農業白書の「講じようとする施策」の羅列になってしまう。このような仕組みでは、新基本法・基本計画も旧基本法と同じく政策規範性を持つことができない。

そこで基本計画の策定は農水省が担当するとしても、せめて審議会メンバーを国会承認事項にする、前５年の基本計画の達成状況、未達成原因の検証を専門家・関係者等の第三者にゆだねる等の措置を講じ、基本計画の政策規範性を高めるべきである。

2015年基本計画は、政権再交代に伴い官邸農政が先行し、基本計画はその後追いをせざるをえなかったが、食料自給力など新機軸を打ち出した。2020年計画は、安倍政権に衰えがみえ、策定終盤にはコロナ危機に見舞われるなど、農政本来の課題を追求しうる状況下にあったが、やったのは食料国産率という自給率の魂を抜くような指標設定であり、何ら積極的な新機軸を打ち出すには至らなかった。ならば「平素からの備え」という日本の食料安全保障政策に磨きをかけるべきだったといえる。

第３節　令和初の食料・農業・農村白書を読む

１．農業白書とは何か

基本法に基づく農業白書（「年次報告」）は2020年で59冊目になります。人間で言えば還暦まぢかです。白書と基本計画には深いつながりがあります。新基本法制定当時、中川昭一農水大臣は「基本計画の進捗状況は、食料・農業・農村の動向とともに、年次報告において記載していく考え」（1999年７月８日参院）であるとしたからです。個々の施策ではなく基本計画の進捗点検こそが白書の最重要な任務の一つです。

農業白書とは何か

政府白書には国会報告を義務づけられたものと、そうでないものがあります。報告義務があるのは基本法にもとづく白書ですが、基本法が理念倒れに終わらないよう国会チェックが必要とされたからでしょうか。国会への報告義務がない白書は、各省庁がその問題意識に基づいて時々のテーマに鋭く切り込むものが多いですが、報告義務がある白書は、省庁内外の厳しいチェックが入り、閣議決定も要するため、そつのない叙述になりがちです。農業白書もその一つです。

白書は、「動向」、「講じた施策」、「講じようとする施策」からなります。農業基本法の時代には、「動向」と「講じた施策」については農政審の意見を聴くこととされましたが、新基本法では「講じようとする施策」のみが審議会の意見を聴くこととされています。実際の扱いにあまり差はないようですが、白書の性格からすれば農業基本法時代の方が正統でしょう。

白書の変貌―動向分析から施策中心へ

60年近い間に農業白書はいくつか変貌を遂げてきました。

第一に、農業基本法時代の当初の農業白書は、法の目的である生産性や生活水準の農工均衡や自立経営の育成を厳しく点検していましたが、70年代後半あたりから「農業施策の結果の分析に力を入れるようになり」「すでに決められている施策と動向分析との一体感」「動向分析が追随する形の一体感」が生まれるようになったとされています。そして「施策の後付け的分析は主題となる分析項目から眼をそらさせる機能を果たしている」。

これは白書を担当する農林省調査課の初代課長（玉井虎雄）の言ですが、私もそのことを痛感します。客観的な「動向分析」というよりは、「あれもやりました。これもやりました」という政策当局のアリバイ証明が目的になっているようです。

国会報告の義務付けがそうさせたのかもしれませんが、それは、目的としての比較生産性や自立経営の上昇が米過剰により見込めなくなり、他方で規模拡大が必須となった時期に重なります。行政が農家に農地売却を勧めるのは気が引けますが、農家資産に手を付けない賃貸なら堂々と勧められます。こうして「意欲ある農家に土地利用の集積を進め、これらの経営の発展を積極的に支援していくことが最も重要な課題」になりました。

第二に、1970年代以降の「白書の変貌の一つとして農村社会、地域社会の重視がある」（玉井）としています。基本法農政から総合農政への転換、「地方の時代」「地域農政」の反映です。

第三に、それまでの白書は、国民経済、内外経済の変化を分析の冒頭に置き、経済との関わりを論じてきましたが、1999年度から内外経済は消えます。要するに新基本法とともに農業・農政が経済から切り離されて孤立国化していきました。内外経済の外側に内輪の世界を求めていくのは不健全です。

このような変貌を踏まえ。新基本法下では、「動向」の客観分析よりも「施策」重視の農業白書のパターンがますます強まっていきます。しかし政策の自己宣伝集では読み手にとってつまらない。そこで2002年度版から「トピックス」欄、2010年度版から「特集」欄が設けられ（それによって各章の内容が薄まった可能性もあります）、この頃から大判化し、かつ「ですます」調に改められました。

白書特集号等を組んできた『農業と経済』誌は2011年からそれをやめました。もはや特集を組むにあたらなくなった、世間の関心も薄れたということでしょう。白書は復権する必要があります。

２．令和元年（2019）年度の農業白書

農業白書の構成

令和元（2019）年度の白書は、まず、５年ごとの策定年ということで新基本計画、男女共同参画社会基本法の施行から20年ということで「輝きを増す女性農業者」の二本の「特集」を組みました。ついで、G20新潟大農業大臣会合にちなんで「SDGs（持続可能な開発目標）」、発効年ということで日米貿易協定の２つの「トピックス」を取り上げました。以上のテーマ設定は妥当ですが、新基本計画や日米貿易協定の説明には新味がなく、以下では農業女性のみを紹介します。

次が本論で、第１章・食料、第２章・農業、第３章・農村と続きます。このような三本立ては、食料・農業・農村基本法に合わせたものと受け取られがちですが、実は農業基本法時代の初めの頃から三本立てになっています。その意味では農政に一貫する姿勢です。

第４章は「災害からの復旧・復興と防災・減災、国土強靭化等」で、その最後に「新型コロナウイルスへの対応」が取り上げられます。第４章は、東日本大震災時から始まったものですが、白書の目配りとして重要な点です。

以下では、関心を引いた点についてコメントしていきます。

農業女性の白書初登場（特集）

平成29年度白書が「次代を担う若手農業者の姿」を「特集」で取り上げましたが、今年度は前述の理由で農業女性がとりあげられました。白書59年を通じて初の取組です。

女性政策はまず生活改良普及事業によるかまど・台所の改善から始まりました。70年代の稲作機械化を通じて女性労働の軽減がなされ、次いで「家」

よりも「個」を重んじる92年新政策で、女性の個としての地位向上が課題とされ、そして99年の男女共同参画法とその趣旨を取り入れた新基本法で弾みがつきました。

基幹的農業従事者に占める女性の割合は90年の48％から2019年の40％へと低下していますが、これは男性が60代で帰農するのに、女性はそれがないためでしょう。女性の認定農業者数は、03年に農業経営改善計画の夫婦共同申請が可能になった（それまでは「認定農家」と呼ばれていました）こと等から、10年で５倍に伸びました（19年4.8％）。

女性の経営参画も販売農家の47％、認定農業者農家の61％となり、その率が高いほど直接販売等が増え、収益も高まると白書は指摘します。女性の起業も04年に１万件弱になり、最近では個人起業が増え、６次産業化等に貢献しています。農業委員に占める割合は12％、農協役員では8.4％です。制度改正や合併等で役員数が減ると、女性数が圧迫されかねませんので注意を要します。

農業高校や農業大学校における女子比率も高まっています。農業法人に就職する女性も増えています。

問題としては、2000～2015年に農村女性人口が12.1％減に対して、25～44歳の子育て層では21％減と倍になっている点です。その背景として、白書は**図3-2**を掲げています。農業男性や他産業就業女性と比べて、農業女性は家事労働時間が多く、さらに介護の問題も大きくなります。女性農業者が活躍するうえで必要なことについてのアンケートでは、「家事・育児への家族の協力」「周囲（家族・地元）の理解」「女性農業者の横の繋がり」が各50％超で、「経営者（共同経営者含む）になること」は27％と低いです。

対策として、白書は「意識改革」や家族経営協定の締結を掲げています。家族協定は5.8万件にのぼりますが、その実質化や社会的チェックが課題です。

以上についてコメントしますと、第一にもっぱら「農業女性」が注目されていますが、「農家女性」の視点が重要です。農家女性を大きく変えたのは他産業就業経験であり、自分の財布をもてたことです。農村社会の変革とい

図3-2　男女別職業別仕事・家事・育児時間の比較
（平成28（2016）年）一週全体平均

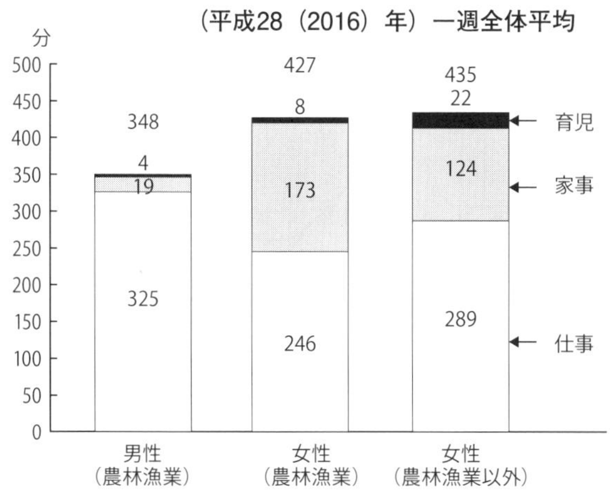

資料：総務省「平成28年社会生活基本調査」を基に農水省作成。白書45頁から引用。

う点でも農家女性という視点は欠かせません。

第二に、作目による違いです。稲作は大型機械化により女性を農外に押し出し、男社会化してしまい、集落営農等も男性中心で、それが限界になっています。それに対して野菜・果樹・畜産等は家族協業が必要で、女性の地位の確立も進んだと言えます。経営の複合化や地域農業の６次産業化が必要な所以です。

食料の安定供給の確保をめぐって（第１章）

第１章では食料自給率、食料安全保障、食の安全、食品産業等が論じられます。とくに自給率については、特集１の新基本計画と合わせて力を入れています。

白書はカロリー自給率、生産額自給率ともに「ほぼ横ばい」としていますが、前者は08年の41％から18年の37％へ、10年で４ポイント落ちています。

自給率＝国内生産／国内消費ですが、今年の白書は、分子、分母に分けて要因を探っています。**図3-3**のカロリー自給率では、①総供給熱量（分母）

図3-3　供給熱量ベース総合食料自給率への寄与率

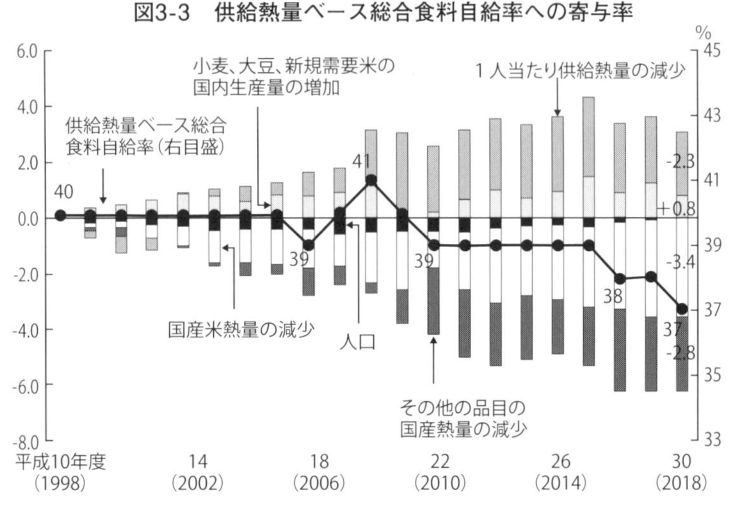

資料：農水省「食料需給表」を基に作成。白書90頁から引用。

の減少、②小麦・大豆・新規需要米の生産（分子）の増大の二つが自給率の引き上げ要因になり、③国産米熱量（分子）の減少、④その他の品目の国産熱量（分子）の減少が引き下げ要因になります。とくに最近では③④が大きな引き下げ要因になっていることが分かります。このうち③は食料消費の変化を示しますが、④は国産品から輸入品への代替であり、自給率の低下が自由化、国際競争力の低下、生産基盤の弱体化によることが分かります。①からは自動的に自給率があがるはずですが、そうなっておらず、生産面でのふんばりが必要です。

図3-4の生産額ベースでは、a.国内消費仕向額（分母）の増が、b.国内生産額（分子）の増より大きかったために自給率が低下したことが分かります。白書は、aは「輸入品も含めて食料価格の上昇による」、bは「高付加価値品目の取組の進展や生産量の微減傾向等による価格の上昇」によるとしており、円安輸入が自給率を引き下げたといえます。

白書は、カロリー自給率より生産額自給率の方が高いのは、日本農業が「カロリーの高い土地利用型作物よりも畜産物、野菜、果実等の付加価値の

図3-4　生産額ベース総合食料自給率の変動要因

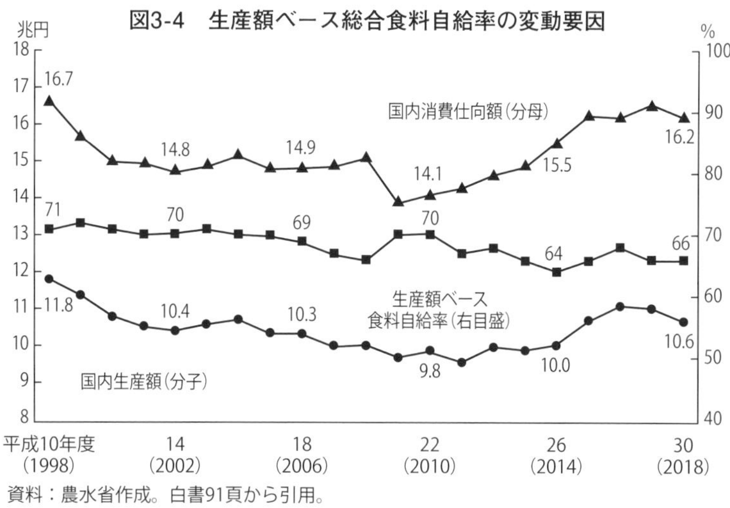

資料：農水省作成。白書91頁から引用。

高い作物の生産に比較優位があることを示唆」しており、「比較優位のある品目を生産・輸出していくことが重要」で、「国内生産では十分に賄うことのできない食料を安定的に輸入することも必要」としています。要するに、国内生産は「比較優位」の高付加価値作物に特化し、「比較劣位」の穀物は「安定的に輸入することも必要」だというわけです。つまり自由貿易による比較生産費原則の貫徹に任せるべきという主張です。しかしその結果が、カロリー自給率37％への下落だったのではないでしょうか。

白書は昨年度より「飼料自給率を反映しない」「食料国産率」も示し、それが新基本計画にも取り入れられました。カロリー自給率は37％ですが、食料国産率だと46％に上昇します。畜産物に至っては15％から62％へのアップです。これは数字の魔術です。

食料国産率の計算は「畜産業の活動を反映し、国内生産の状況を評価する」ためとされています。しかし食料自給率は食料安全保障の観点から計算されているわけで、国内畜産業の活発化を促すことが直接の目的ではありません。加工型畜産の現状では、食料国産率を高めるほど飼料輸入が増大しカロリー自給率を下げてしまうのも矛盾です。

そこで白書は、「国産飼料基盤に立脚した畜産業を確立する観点から」新基本計画でも現状25%の飼料自給率を35%に引き上げるとしています。しかし2015年基本計画では飼料自給率の目標は40%でした（第２節）。要するに目標水準が引き下げられているのですが、白書はその点には触れません。

世帯主年齢階層別の食料消費額の格差拡大

食料の章でもう一つ興味深かったのは、**図3-5**の世帯主年齢階層別にみた世帯員一人当たり食料消費額の推移です。年齢階層が下がるほど食料消費額が少なくなるという年齢階層差が一貫しています。筆者はこれまで、若い層が低い食料消費を引きずったまま加齢していくと全体の食料消費を減少させるのではないかと懸念していましたが、それは杞憂だったようです。

しかし、「60歳を目安に食料消費支出の傾向が異なり、60歳以下の年齢では長期的に減少傾向にある」、すなわち年齢階層格差は拡大傾向にあることが図示されています。世帯主60～69歳層の世帯員一人当たり消費額を100と

図3-5　世帯員１人１か月当たりの食料消費額の推移

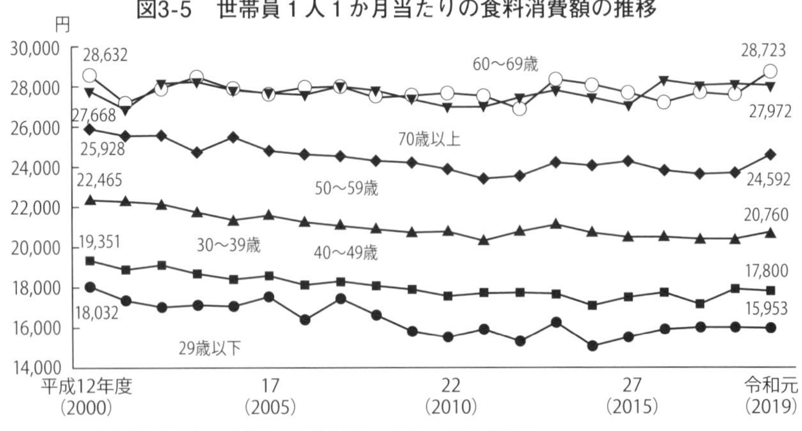

資料：総務省「家計調査」（全国・用途分類）。白書124頁から引用。
注：消費者物価指数（食料：平成27（2015）年基準）を用いて物価の上昇・下落の影響を取り除いた数値。

して29歳以下層のそれをみますと、2000年63が19年には56に下がっています。60歳代の絶対額は変わらず、29歳以下層の絶対額が下がっているためです。

白書は、高齢者は安全志向、若い層は簡便化・経済性志向という食志向の違いに原因を求めているようですが、21世紀における格差拡大の背景には、非正規労働力化等をはじめ若い層の労働条件の劣悪化があるのではないでしょうか。食料・農業問題も視野を拡げる必要があります。

強い農業の創造（第２章）

農業産出額、農業所得は、2015〜17年は増大し、官邸農政の「成功」を示したかに見えましたが、その増大は不作等による農産物価格の上昇によるものでした。そして生産増大した2018年には価格低下から農業所得等も下落しました。農業所得は7.3％の減、とくに水稲、酪農、肥育牛で減少しました。しかも水田作では20ha以上経営が23.5％減、酪農では100頭以上が17％減少など、大規模経営の減少が目立ちました。それに対して新たな収入保険は2.3万戸の加入にとどまり、目標の23％しか達成できていません。

構造政策では担い手に８割集積がめざされています。しかし、農地集積率は2014〜15年には503.％から52.3％へ２ポイント増でしたが、年々下がり17〜18年は55.2％から56.2％の１ポイント増にスピードが半減しています。政策は中山間地域での集積に期待をかけていますが、中山間地域での農地集積の強行が妥当なのか、そもそも８割集積という目標自体に問題はないのかの吟味が必要です。

作目ごとにみても、概ね作付けも生産量も減少です。注目されるのは野菜で、とくに冷凍野菜は国内流通の増加の大半が輸入で占められ、輸入割合が94％になっている点です。

白書は農作業事故に注目しています。建設業等では作業中の死亡事故は減っていますが（10万人あたり6.1）、農作業では高く（同15.6）、65歳以上は19.7と高齢化が影響しています。

最後に、農協については「自己改革は進展したと評価しており、今後は信用事業等の農協を取り巻く環境が厳しさを増す中、農協経営の持続性をいかに確保するかが課題」としています。農協攻撃から評価をあらためたといえます。

農村の振興・活性化（第３章）

第３章は農村活性化に充てられます。まず「田園回帰」に注目し、関係人口の増加、中山間地域等の集落生活圏における小さな拠点の形成、棚田を核にした地域おこし、農泊による外国人誘客（SAVOR　JAPAN）、ジビエの消費拡大、多面的機能支払い、再生可能エネルギーの活用等に触れています。

都市農業振興では新法で市街化区域の生産緑地農地の8.3万haが貸し付けられました。これなどは確かに施策の効果と言えます。最後に農福連携の推進が掲げられます。

農村社会の変化等はより緩やかであり、必ずしも年々の白書になじむものではありません。そういうこともあってか、この章では「事例」が多用され、事例が生き生きと描かれ、白書に生気を与えています。事例からヒントを得ることも多いと思われます。白書のもう一つの面・機能といえます。

自然災害・東日本大震災・新型コロナウイルス（第４章）

この章立ては東日本大震災に始まりますが、災害列島化のなかで重要性を増しています。

まず自然災害の被害額が、とくに2010年代以降は直線的に増大していることが指摘されます。2019年は2011年を除き「過去10年で最大級の被害額」になりました。

白書の叙述はここでも施策に重点がおかれます。曰く「リエゾンの派遣」「プッシュ型支援」、激甚災指定、そして「防災・減災、国土強靭化」です。とくに水利施設、ため池等に注意が喚起されます。

原発被害地では営農再開17%、再開希望14%にとどまります。また避難指示解除の時期により営農再開率が二極化しているとされます。農地は営農可能面積1.4万haのうち47％は復旧・整備検討（検討中は帰還率が低い）、残りは不在地主化あるいは要再整備です。風評払拭の戦略も述べられています。

熊本地震について希望する農家ほぼ全てが営農再開し、農地の大規模化が実施されました。

最後に新型コロナウイルスですが、深刻な需要・労働力不足、臨時休校、給食・イベント中止、入国制限等による外食や観光需要減、児童の保護者たる従業員が出勤できない農業法人の苦境、輸出向け生鮮物流の停滞、チャンスロス等の影響が挙げられています。ここでも叙述の力点は施策にあり、資金繰り支援、給食休止に伴う手立て、買いだめ監視、国産食材の消費拡大キャンペーン、労働力確保支援等そして緊急経済対策が報告されています。

直近の新型コロナウイルス問題を急遽とりあげたこと自体は高く評価され、その影響や対策が詳述されています。しかしコロナショックが問いかけているのは、輸出産業化に軸をおいた官邸農政そのものの是非であり、さらには「新しい生活様式」が求められるなかで、これまでの〈内食→中食→外食〉化傾向が逆転し、家庭での食事、テーブルミート、有機食品等が志向されるなかで、農産物や農村空間に対する需要がどう変化していくのかです。講じた施策を並べるのも結構でしょうが、白書ならではの強みを生かしたアンケートや実態把握を通して、人びとの暮らし方や考え方の変化に迫り、それを農業に伝えることが必要です。

おわりに

白書は依然として年々の食料・農業・農村に関する最も包括的な情報源です。しかしそれにしても、今年の白書は動向編だけでも370頁、一冊で1.3kgになります。「ですます」調で書かれていますが、いったい誰に読ませるつもりなのか気になります。大冊になったのは、前述のように「動向」に「施策」が入り込み過ぎているからです。それに伴いポンチ絵（施策図解）や、さして意味のない写真等が過剰に載せられています。これらを整理するだけでも相当にスリム化するはずです。それは、敢えて「動向」と「施策」を分けた白書の原点にもどることでもあります。

第4章

農協の合併とビジネスモデルの刷新

はじめに―農協「改革」の推転

安倍首相は、政権復帰の初仕事に農協「改革」を選び、衆院選後の2015年２月の施政方針演説で、「戦後以来の大改革」として「60年ぶりの農協改革を断行する」とした。

なぜ農協改革がトップだったのか。第一次安倍内閣はイデオロギーから入って挫折した。その反省に立って、第二次安倍内閣は、国民にとって最大関心事である経済から入ることで政権の土台を固めようとした。そのためにはまず経済成長であり、異次元金融緩和で「デフレ」から脱却し、輸出をエンジンとして経済成長にチャレンジする。そのためのTPP参加だったが、その反対運動の先頭に立ったのが全中だった。加えて佐賀県知事選では農協系統が官邸とは別の候補を応援するということで、首相の農協憎しがつのった。

そこに農水官僚が、規制改革会議経由で戦後農協のウイークポイントを官邸に持ち込み、農協「改革」を「戦後レジームからの脱却」のシンボル化することに成功した。まずは制度面での中央会の廃止だが（全中の一社化、県中の連合会化）、加えて農業成長産業化のための「信用事業の代理店化」化、そして中央会廃止と代理店化に追い込むための手段としての「准組合員利用規制」が「改革」の三本柱をなした(1)。

中央会の廃止は、農協法から中央会の章を抹消することで実現した。しか

（1）農協「改革」については、拙著『戦後レジームからの脱却農政』前掲、同『農協・農委「解体」攻撃をめぐる７つの論点』筑波書房ブックレット、2014年、同『農協改革・ポストTPP・地域』筑波書房、2017年。

しその他の論点については、2017年８月には斎藤健農水大臣が、「実際に代理店化するかは、それぞれの農協の判断」とし（日農、2017年８月16日）、農協「改革」について「必要な議論はおおむね終えた」「大体が収束しつつある」とした（同12月27日）。

2019年９月、５年間の農協改革集中推進期間を総括して、農水省は農協の自己改革は「進展している」と評価した(2)。2018年度から事業利用調査も行い、その結果を受けて吉川農水大臣は「准組合員向けの貸出しが多いことは、農協法に何も反していない」「貸出しの実態をよく見ると、貸出余力に懸念はないので、准組合員への貸出しは正組合員向けの貸出しの支障となっていない」「准組合員向けの貸出しで得た利益は、正組合員向けの営農指導事業など営農面でのサービスの充実にも寄与してきた面もある」とした。

2020年に決着が持ち越されている准組合員利用規制についても、自民党は2018年に「農協組合員の判断に基づく」こととし、19年７月参院選の選挙公約にその旨を書き込んだ（同19年６月20日、「JA接近『異例の注力』」）。連立与党の公明党も同年５月の農林水産部会でその旨を決議した。与党としても、農協をイデオロギー的に批判するより選挙での農業票の方が大切だった(3)。

2015年の食料・農業・農村基本計画は、農協について「農業者の所得向上に全力投球できるよう改革を行う」「経営目的の明確化、責任ある経営体制の確立等の観点から見直しを行う」と政府の農協「改革」べったりだったが、2020年のそれは「農協系統組織が農村地域の産業や生活のインフラを支える役割等を引き続き果たしながら、各事業の健全性を高め、経営の持続性を確保することが必要」とし、農村のインフラとしての役割の再確認と、農協経営の持続性確保という新たな課題を提示した。

（２）2020年度農業白書も「農林水産省としては、農協改革集中推進期間において自己改革は進展したと評価しており、今後は信用事業等の農協を取り巻く環境が厳しさを増す中、農協経営の持続性をいかに確保するかが課題」とした。

（３）論理的には、一般金融機関に対してなされる公認会計士監査を農協にも導入するとしたことは、農協を一般金融機関として扱うことと同義であり、その時点で准組合員問題の決着はついていた。

かくして、遅くも2017年末をもって農協「改革」に関する政治の潮目は変わった。まさにその時、農林中金が奨励金の金利引き下げを打ち出した。この時から農協陣営は、「外からの」他律的な「自己改革」に代わる、身内からの自己改革の要請に直面し、その対応を迫られることになった。真の自己改革の始まりである。

農協陣営にとっては、「自己改革」強制へ対抗軸の一つが広域合併（代理店化に代わる単協としての信用事業強化）であり、１県１JA化だった。しかしアンチテーゼとしての合併が、そのまま真の自己改革の道筋になるかは改めて検討すべきである。

本章では、これまでの農協「改革」の功罪を点検し（第１節）、農協のビジネスモデルと合併との関連を明らかにし（第２節）、農協が未来像を描き、ビジネスモデルを刷新するにあたっての課題を明らかにする（第３節）。第４節では補足的に准組合員問題をとりあげる。

第１節　農協「改革」の小括

農協「改革」の潮目が変わったが、それは「政局」によるもので、農協自らが勝ち取ったものではない。それだけに農協としては、農協「改革」とは何だったのか、その功罪を改めて確認しておく必要がある。農協「改革」の「功」としては、中央会の位置づけと信用事業依存型ビジネスモデルの再検討をあげることができる。また「罪」としては信用事業の代理店化の提起がある。まず本節では中央会と代理店化をとりあげる。

１．農協中央会

旧中央会の位置づけ

規制改革会議の論理はこうだった。農業所得の増大のためには、まず「単協は、自立した経済主体として、適切なリスクをとりながらリターンを大きくしていく」べきであり、「中央会が単協の自由な経済活動を制約しないようその在り方を抜本的に見直す」。中央会制度は、「昭和29年に、危機的状況に陥った農協経営を再建するための強力な指導権限をもった特別の制度として導入された」が、単協数も約700になり、信用事業については農林中金に指導権限が付与されたなかで「制定当時から状況は大きく変わっており」「自立的な新たな制度に移行する」必要があるとされた。これを受けて、農水省等と全中の「協議」を経て、全中の一般社団法人化（公認会計士監査への移行）と県中の連合会化となった（4）。

「制定当時から状況は大きく変わっ」たことは確かである。しかし問題はそもそも制定当時に内包されていた。法改正当時の農協課の担当事務官（中沢三郎、今村宣夫）は「中央会は…農協法に含まれているとはいえ、農業協同組合ではない。農協法に含ましめるかは議論のあるところである」としていた。

すなわち当時の農協の危機的状況は、中央会に、「組合の自主性をそこなわない範囲内で、ある程度の**他律的な**支柱を与えることはやむを得ない」。そこで「国の方針に呼応して組合の指導を総合的かつ**公共的に**行うことができる指導組織を設立する必要がある」。こうして「組合に対する総合された指導組織として農業協同組合中央会が創立されることになった」。

中央会は「公共的色彩の強い非営利法人」たる点で「形式的には組合に似ているが、実質的には、組合とその目的と性格を異にする」。「会員以外の組合をも含む全ての組合の健全な発達を図ることを目的」とし、「法律に定められた組合指導、組合教育などの事業を、いわば組合より**一段上位において、**しかも**組合全体に対し**て行う」「全部の組合の上部組織」とされた。その事業は、組織指導（適正規模の実現、組合の合併、単協と連合会、連合会間の関連増進）、事業指導（生産指導を含む）、経営指導（内部機構、事務組織、事務処理、財務会計処理）、監査、農政活動（組合に関する利益代表行為、行政庁建議、対行政庁に限らず）の全般に及ぶ。

（4）拙著『農協・農委「解体」攻撃をめぐる7つの論点』（前掲）、5を参照。

つまり中央会は、農政によって「他律的」に設立された、組合員以外を含む全農協を対象とする準「公共団体」であり、「上部組織」として組合を「指導」する[5]。今日的な言葉で言えば、「上から目線」の組織なのである。

それが協同組合にふさわしくないことは言うまでもない。にもかかわらず農政は、「制定当時から状況は大きく変わった」のに、一貫して、中央会の「強力な指導権限」を利用しつつ、とくに社会的強制力を必要とする生産調整政策や構造政策（農地利用集積円滑化事業等）を遂行してきた。政治もまた55年体制の一環に農協の集票力を活用し、それは農協系統をコーポラティズムならぬ圧力団体化させた。

すなわち金融危機に際しては2001年農協法改正で中央会は組合に対して報告、資料提出を求められるよう指導力を強化し、2003年「農協のあり方研究会」は、「全農は、全中の指導方針に従って自らの改革を進める」べきとした。全中監査を公認会計士監査にすべきとする主張に対しては「指導と一体となって機能としている全中監査に、これを置き換えるというようなことはできない」（若林農水大臣、2007年12月28日）とした。つまり農協「改革」までの自民党農政あるいは農水省は、中央会を農政浸透機関として利用し続けたといえる。

新中央会の位置づけと役割

中央会は、組合を構成員としてその選挙でトップを選ぶ自主的自立的組織が、公共的機関・上位機関と位置付けられることの根本的な矛盾をかかえつつ、農協系統の司令塔として現実的に機能してきた。しかるに規制改革会議の答申に基づいて、前述のように全中の一社化、県中の連合会化となり、全中は農協系統組織から追われた。そもそも中央会の設立、解散等は行政庁の自由裁量処分になっていた。

（5）以上の引用は農林法規研究会編『農林法規解説全集』（加除式、2006年版、第4節）。ゴチは引用者。

農協法改正に当たっては、第３章・中央会は全面削除され、附則第13条での規定となった。新たな中央会の事業としては、会員である組合の組織、事業及び経営に関する相談[6]、監査、会員である組合の意見を代表すること、会員である組合相互間の総合調整を行うこととなった。一口で言えば、「指導」（上部組織としての行為、下部組織は従う義務）から「相談」（二次組織としての行為、決定は組合自ら）へ、である。「組合に関する教育」「行政に建議」「模範定款例」は抜ける。

そもそも単位協同組合（一次組織）は、自らの足らざるところを補完するために必要に応じて連合会（二次組織）を設立する。二次組織は必要に応じて三次組織（全国連合会）を設立する。二次・三次組織のあり方は国際的にも未だ定型を得ていないが、「上部組織」ではなく「補完組織」であることは間違いない。

そのような連合会は今日の農協にとって必要不可欠である。農協は各種事業を営む総合農協であり、運動を行う組織体でもある。このような総合事業体、運動体の補完は、縦割りの事業連合会では果たせず、連合会としての中央会を必要とする。

その機能は、教育を通じて問題発見力を高め、問題提起を受けて組織・事業・経営の相談にのり、単協とともに解決に励むことである。単協の経営持続性が問われ、組織再編なかんずく合併が大きな課題となっている今日、連合会としての中央会の相談機能の必要性は、1954年の旧中央会設立時以上に高まっている。

かくして県中央会を連合会化したことは正しかったといえる。

２．信用事業の代理店化

農協「改革」においては、単協信用事業を県信連・農林中金の代理店化す

（6）「指導」という言葉を排除したが、営農「指導」事業は残っている。「営農相談事業」にはできない。教育には「指導」が伴うのが、「教育」をカットした理由か。

ることが、農業所得の増大、農業成長産業化のための最大の手段に位置付けられた。すなわち規制改革（推進）会議や官邸は、農協は（准組合員向けの）信用・共済事業に力を入れ、農業振興を疎かにするから農業所得が増大しない、信用事業を県信連等に譲渡してその代理店となり、浮いた人員を農業関係に回して農業所得の増大に努めよ、さもなくば准組合員利用規制をするぞ、と脅した。

こうして単協は、信用事業を継続するか、代理店化するかの選択を迫られることになり、どちらが有利かの具体的な試算を義務付けられた。実際の試算は県信連なり農林中金が行ったようであるが、結果は公表されていない。そこで次に事例を見る。

事例　代理店化の収益─貯金額8,500億円、貯貸率29％のある都市農協

県信連が同農協に示した試算では、①貸出金利収入は９割減、②県信連への預け金に対する奨励金が代理店手数料になった場合の収入は36％減、③単協としての信用事業の事業管理費が代理店運営費用になった場合のコスト低下は18％、④以上のネット収支は76％減である。①の減が極めて大きく、③の減は予想外に少なく、④は壊滅的打撃を与える。

代理店化について、奥原元農水次官は経営局長時代に、あるJAでの講演で（2016年３月５日）、「10年以上前のJAバンク法改正の際に、代理店化が可能になるよう仕組みをつくってある。しかし、その際に手数料率が示されていなかった。信用事業は経営への影響が大きいので、自ら信用事業を行ったサイト同等に収益がもらえるよう明記した」とした。

「明記」の場は、「農林水産業・地域の活力創造プラン」（2016年６月24日改訂）の別紙２「農協・農業委員会等に関する改革の推進について」（2016年６月）であり、代理店化に際して「単位農協の経営が成り立つように十分配慮する必要がある」の挿入を指す。改正金融監督指針も、上記を引用し、「…とされていることを踏まえた適切な代理店手数料が設定されているか」

の項番を追加している。

つまり代理店化しても単協の実質的な信用事業収入減にはならないという想定の下に農協「改革」の全構想が練られていたわけである。それは、上記の事例に照らしても行政の「ウソ」に他ならないが、その点の検証はなされていない。

のみならず農水省は、代理店化のメリットとして、上述の信用事業から経済事業への人的資源等のシフトに加えて、信用業のリスク・負担を回避できるとして、次の点をあげている。すなわち①自己資本比率規制（８％）に縛られない、②信用事業専担理事や員外監事の必置義務がなくなる、③貯金保険料、ATM管理料、JASTEM利用料、貸し倒れ積立金を削減できる、等である。

また代理店化のメリットとして「地域の組合員等に対する金融サービスの維持が可能」としているが（農水省金融調整課「農協の信用事業を取り巻く環境について」2017年）、それは貯金窓口機能に限定され、その貯金集めについても「農業応援貯金」や農産物のお買物券付きといった地域農協らしい商品企画はできず、いわんや地域農業者や地場産業等への単協判断を尊重した貸し付けもできない。

農協「改革」を推進する側は、准組合員利用規制をちらつかせて代理店化を迫ったが(7)、結果的に代理店化等に踏み切る単協は全国で５つ程度に限られた。その意味で代理店化は失敗だったし、経済的裏付けを欠いた唐突な手法自体が問題だった。しかし農協の信用事業依存のビジネスモデルの持続性に対して問題を提起したこと自体は正しい。資本過剰が構造化し、金利が低下・ゼロ化し、IT化、フィンテック化が進む中で(8)、世界的に金融事業

（７）先の農水省の「組合員の事業利用調査」（2018年）によれば、貯金額の構成は、正組合員42％、准組合員34％、貸付金は各35％と47％だった。規制改革会議が言うように准組合員の利用を正組合員の1/2未満に規制すれば、総貯金額は13％、総貸付金は29.5％減ることになる。都市農協の場合、神奈川県平均だと貯金額は正組合員35％、准組合員45％なので、27.5％減ることになる。

（８）柏木亮二『フィンテック』日経文庫、2016年。

自体が転換期を迎えており、日本でもメガバンクの無店舗化や無人化が進み、地銀の経営が苦しくなる中で、農村金融は、とりわけ高齢化が進んでいることもあり影響が遅れてはいるものの、いずれ問題に直面することとなる。信用事業の強化・安定化の課題は残されたと言える。それは当面、次の点に現れた。

第2節　総合農協のビジネスモデルと合併

1.「改革」外圧から内圧への転換

農林中金の奨励金利率の引下げ

前述のように、農水大臣が「(農協改革の) 必要な議論は概ね終えた、…だいたい収束しつつある」と述べたまさにその時 (2017年末)、農林中金が奨励金利率の引き下げを発表した。

2019年3月で、単協の貯金103兆円のうち系統預け金は78兆円で76%に及ぶ。信連の貯金67兆円に対して農林中金への預け金は44兆円、65%に及ぶ。それに対して、〈農林中金→県信連→単協〉に奨励金が支払われる。農林中金の支払い利率は0.6～0.7%とされ、低・ゼロ金利の時代には驚異的といえる高率であり、単協の信用事業ひいては単協経営を支えてきた。

その奨励金利率の引き下げが一般に報道されたのは日経新聞 (18年4月27日) を通じてであり、県信連や (信連のない県の) 単協に支払う奨励金を「19年春から3年かけて現状0.6%程度から0.1～0.2%圧縮する案が有力だ。信連はこの利下げをさらに域内の農協に反映させる公算が大きい」とし、「646農協　再編加速も」の見出しの関連記事で「大規模化で体力をつける必要性」を指摘した(9)。

次いで朝日新聞が7月3日付けで、農林中金の奥理事長へのインタビュー

(9) そのほか、奨励金を貯金から融資額を引いた額ではなく貯金額に連動させる新たな仕組みも導入すると報じているが (農業融資の促進)、経済合理的とは言えず、真偽のほどは不明である。

記事を載せた。すなわち県信連・農協への奨励金利を「来年３月から４年かけて、現在の平均約0.6％から0.1～0.2ポイントほど引き下げる方針を示した」。朝日も同じく「JAの再編が増える可能性がある」と報じた(10)。

利率引き下げの意味

朝日のインタビュー記事は本人の確認をとっているはずなので、その点ではより正確と言えるが、仮に0.2％（ポイント）の下げとすれば0.6％から0.4％への33％の引き下げになり、それがストレートに信連→単協の奨励金に反映するとすれば、例えば、正組合員貯金割合35％の都市農協が准組合員の利用を正組合員の1/2に制限された場合の貯金額減30％と大差なくなる。

つまり農中の奨励金利率の引き下げは、准組合員利用規制をした場合と同様の効果をもつわけである。准組利用規制は都市農協により大きなインパクトを持つが、それとの対比で奨励金利率の引き下げは産地農協により強く影響する。先の日経記事は「農中は農協の再編や融資拡大を狙っているわけではないが、…結果的に政府の農業改革の目的と合致する」とも指摘している。

准組合員利用規制は、これまでの政策展開から外れた安倍政権の権力的恣意だが、奨励金利率の引き下げはJAバンク内部の、賛否を越えた現実性の高い経済経営的な措置であり(11)、その影響は甚大である。客観的には農林中金の利率引き下げは、農協「改革」プレッシャーの外圧から内圧への転換となった(12)。

---

(10) 朝日によると、理事長は「店舗の統廃合については必要性を認めつつ、『ライフラインとしての役割がある。週１回開けるとか、移動店舗とか、機能を限定すればニーズに応じることも可能だ』と話した。

(11) 農林中金の経常利益は、2016年度2,140億円、17年度1,708億円、18年度1,245億円、19年度1,229億円と減少傾向をたどり、中期経営計画の1,500億円目標を下回っている。短期にはアメリカの金利変動による外貨調達コストの増減によるとされているが、より長期の見通しの中での奨励金利率の引き下げである。そうであれば、准組合員利用規制とのあまりのタイミングの「良さ」に驚かされる。

２．農協の対応

全中「JA経営基盤強化にあたっての基本的な考え方」（18年９月）

このような問題も踏まえ、全中は、「経済事業を中心とした事業伸長とすべての事業にわたる一層の効率化など、事業モデルの転換等に取り組み」、「共通管理経費配賦後の経済事業利益…に目標値…を設定し、経済事業の収益力向上を目指す」とし、「JAが事業モデルの転換や中期計画等の策定に向けての検討する際の参考」に供するものとして上記報告をだした。本章との関わりでは特にⅣ.事業別戦略とⅥ.組織再編が注目される。

Ⅳ.は生産・販売力強化事業に力点が置かれ、別途、多数の個別事例が示されているが、とくに注目されるのは５.信用・共済事業である。そこでは「貸出金利息の減少や市場運用環境の悪化による預け金利息の減少」を踏まえ、「投資信託の提案態勢を確立」するとし(13)、「新たな店舗類型（機能別店舗）等に基づき、店舗・ATMの再編に徹底的に取り組み、将来を見据えた最適な店舗体制を構築する」としている。

またⅥ.では、「単独での経営維持が難しい場合には、合併による組織再編等により、経営体質の抜本的な改善を行い」、１県１JA等における経営組織形態の留意ポイントを整理し、「当局他からのヒアリングの中でフォローさ

---

(12) 各県中央会は県域シミュレーションを行い、早くて2019年度から赤字化、10年以内に数10億円の赤字化を見越している。例えば、北海道では、日高３農協を除く105農協の、2017年度と比較した2023年度の部門別損益について、信用35億円減、共済11億円減、購買12億円減、販売２億円増、その他９億円増で事業総利益47億円減、事業管理費12億円増で、経常利益71億円減としている（『北海協同組合通信』2020年新春特集号の座談会における北海道中央会専務の発言）。

(13) 金融庁が国内29の銀行（主要行９、地銀20）で投資信託を購入した者の手取を試算すると46％が運用損益マイナスだった。高齢者等の資産運用が多いJAが投信に後発参入するには極めて慎重を要する。金融庁長官は、地銀についてだが、「販売手数料が高い投資信託や外貨建て保険の販売に注力するような経営姿勢には『結局のところ顧客は裏切られたと思う』」としている（朝日、2019年10月８日）。

れる可能性が高いことから」、信用事業譲渡・代理店化した場合の影響試算を準備する、としている。いわば「組織再編　何でもあり」の姿勢である。とくに「参考」として、合併における検討ポイントと１県１JA等における経営組織形態等の留意ポイントが示されているのが注目される。

農協の４つの選択肢

全中「基本的な考え方」も踏まえて、JAの対応方向を整理すると、次の四つになろう。

第一は、信用事業を代理店化する、政府お勧めの**職能組合化路線**。単協は一応残るが（それで農協経営が成り立つかは前述した）、総合農協性は失う。

第二は、奨励金利率の引き下げによる収益減をコストダウンで吸収しようとする、端的には人員削減、支店・施設の統廃合等の**リストラ路線**。

第三は、奨励金利率の引き下げを単協の貯金量総額でカバーする**広域合併路線**（１県１JA化を含む）。（基幹単協以外は）身を捨てて総合農協性を守る路線である。

第四は、奨励金に依存して経済・営農指導事業等の赤字を補てんしてきたJAビジネスモデルの転換を図る**モデルチェンジ路線**。

第一の路線は既に決着した。残る三つの路線については、現実には入り混じって追及されることになろう。このうち第二の路線について次に述べ、第三、第四の路線についてはそれぞれ項を改めて論じる。

支店統廃合

とくに第二の路線は、最も手っ取り早く、いずれの路線にも現れうる普遍性を持つ。しかし今の支店は、旧農協本店である場合が多く、JAが地域密着業態を展開する拠点であり、交通弱者も含めて「身近な金融機関」として、あるいは組合員の地域的結集の拠点（支店運営委員会等）として存在してきたものであり、その統廃合は慎重を要する。

農協の支店等の出先機関数の推移をみると**表4-1**のとおりである。2000年

表 4-1　総合農協の出先機関数

	1 農協当たり	1 機関当り総組合員数	総合農協数
2000 年	23.5	444.3	1,424
2010	22.7	589.6	725
2017	14.4	680.0	657

注：1）出先機関数は本店数を差し引いた数である。
　　2）「総合農協統計表」による。

代は農協数を半減させるような合併ラッシュのなかで、支店数も２割減り（金融機関のなかではずばぬけてトップ）、１支店当たり組合員数は３割増えた。このような状況を受けてか、第26回JA全国大会（2012年年）は「コスト削減によるリストラ型経営は限界レベルにある」として、「JA支店を拠点」にした戦略を打ち出した。

しかし現実には2010年代には、大型合併により１農協当たりの支店数が３割も減り、「地域から支店（農協）がなくなる」状況である。

１支店当たり預貯金額は、都市銀行が21世紀に1,000億円から倍増させているのに対して、地銀、信金、農協等は400億円以下にとどまり、とくに信組、農協は少ない。

かといって農協が金融支店としての観点から支所支店を統廃合することのデメリットは大きい。2019年に支所統合したある農協の事例を紹介する[(14)]。

事例―西日本島嶼部農協の支店統廃合

この農協では事業利益確保を目指して旧４町ごとの支所を２支所に統合し、生み出した経営資源を営農振興施策等に投じることを総代会で承認された。支所職員は2018年の57名から36名に37％削減し、金融複合外務員４名を新設した。

そこでの職員や専業農家からの聞き取りでは、大勢は金融情勢、職員の減少、クルマ社会化等からで統合やむなしのようだが、影響も大きい。

(14) 1965年の合併農協。組合員4,905名、准組合員比率38.0％、販売額67億円、貯金375億円。品川優「JA壱岐市における支所再編」『農業・農協問題研究』第73巻（2020年）による。

一般的には、支所窓口の待ち時間が長くなる、遠くなるので不便になる。面識のない職員が増え、コミュニケーションもとりづらくなる等が指摘されている。

階層別には、第一に、高齢者は様々な農協事業の利用が不便になり、とくに代替としてATMを導入しても、それをほとんど使えないので貯金や年金受給が店舗のある「ゆうちょ」や漁協等に流れていく。「農協じゃないね。もう銀行だね」という声も聞かれる。第二に、准組合員は利便性が薄れれば農協から離れていく。第三に、正組合員は肉牛産地でもあり頻々に支所を訪ねるが、「職員と顔なじみのため話をしにいったり、知人が来ていないかなど訪問の半分は息抜きである」。新支所でも「組合員が集まることができ、会話や情報交換などの息抜きのできるスペースを設けて欲しい」。

統合すると非金融専門店舗になることが多いが、支所支店はたんなる機能的な場ではなく、ATM、移動店舗等では代替しきれないものがある。とくに統合の前後にも関わらず「コミュニケーションの場」としての支店への要求は切実である。支店が合併前の農協の本所であり、それが明治合併村や昭和合併村を踏まえたものであるとすれば、よけいにそうである。

3．総合農協のビジネスモデルと合併

総合農協のビジネスモデル

残る収益改善方策の主流は、先の第三の路線、広域合併である。合併にはさまざまな背景があるが、本章は総合農協とそのビジネスモデルに深く由来する点を重視する。

戦後農協は、産業組合を引き継ぎつつ、総合農協として出発した。総合農協は、多様な部門を取り組みつつ、会計は一本化される。そのことにより内部補填が可能となり、コストセンターとしての営農指導部門を取り込むことができ、赤字部門を補填し、総合農協を経営的に成り立たせることができる。

表 4-2　総合農協の変遷

単位：%

	准組合員比率	貯貸率	信用事業	総純収益=100 とした部門比率		
				共済事業	購買事業	販売事業
1960	11.6	44.7	208.8	17.2	32.2	△20.5
1965	14.0	45.2	153.6	8.4	1.0	△23.2
1970	19.1	52.9	190.8	24.3	△30.9	△27.4
1975	25.6	51.1	143.6	37.6	△28.3	△15.3
1980	28.5	41.2	120.5	68.8	△25.7	△9.0
1985	31.8	31.7	96.5	59.4	△21.7	△13.2
1990	35.6	25.2	98.3	71.8	△29.4	△18.2
1995	39.8	28.2	77.8	126.4	△36.8	△22.1
2000	42.4	30.5	119.6	191.3	△101.9	△37.8
2005	45.6	27.0	95.4	105.1	△19.5	
2010	51.3	27.7	107.0	69.8	△16.1	
2015	57.3	23.4	96.5	55.8	△5.7	

注：農水省「総合農協統計表」による。総純収益の構成は、『新・農業協同組合制度史』第７巻のデータより作成。65 年は 66 年、75 年は 76 年、85 年は 86 年、90 年 91 年、95 年は 96 年の数値。

表 4-3　総合農協の減少率と事業の伸び率

単位：%

	農協数	販売	購買	貯金	長期共済保有
1960〜65	25.3	107.1	118.3	206.0	273.4
1965〜70	32.3	69.7	102.8	163.8	201.9
1970〜75	201	114.2	144.7	156.8	289.9
1975〜80	8.0	21.8	55.0	75.8	184.7
1980〜85	5.4	21.7	11.2	44.8	73.7
1985〜90	14.3	▲4.2	▲0.4	44.2	40.9
1990〜95	28.6	▲8.0	▲2.3	20.3	24.8
1995〜20	38.6	▲17.6	▲18.2	6.1	4.5
2000〜05	42.6	▲8.2	▲17.2	9.7	▲7.6
2005〜10	18.8	▲6.4	▲13.5	8.9	▲13.7
2010〜15	6.1	7.1	▲12.7	11.4	▲12.0

注：『総合農協統計表』による。期首＝100 とする伸び率。

そこでは事業部門間の相乗効果をもたらすことが高く評価された。

しかし内部補塡は「どんぶり勘定」としての弱点をもち、経営の「もうかる部門」への傾斜・依存をもたらす可能性をもつ。

現実はどうか。**表4-2**、**表4-3**に1960年以降の農協の変遷をみた。

［1960〜75年］…高度成長の中で、農協数の減少（合併）、准組合員比率の急上昇、共済事業、次いで貯金が５年で1.5〜２倍に及ぶ伸びを示し、貯貸率も５割前後に及んだ。農協は高度成長の地方への波及（第二次高度成長）、

太平洋ベルト地帯の形成を背景に、農村住民の資金を吸収しつつ、それを地域に貸し出す相互金融、地域金融機関としての存在感を示した。

他方で、販売事業や購買事業は5年で倍増、1.5倍増する勢いであったが、純収益的には販売事業は一貫して赤字であり、購買事業も60年代後半からは赤字化した。事業高が倍増するにもかかわらず純収益が赤字であることは、事業の仕組み（手数料、マージン等）自体が赤字前提的だといえる。

かくして経営再建を経て高度成長の波にのった総合農協は、農業関係事業の赤字を金融事業なかんずく信用事業で補填する**信用事業依存型ビジネスモデル**をとったと言える。

この時期は第一次合併急増期だった。この時期の合併は、高度成長を背景とした自治体の昭和合併に平仄をあわせたものとされているが、経営的にはどうか。前述のように今期、農協事業は大いに伸長した。総合農協は地域に一つ設立されるという地域独占性を付与されているので、地域内の事業が伸びるからといって農協数を増やすわけにはいかない。そこで農協が伸びる事業を経営内に取り込んで成長するには合併するしかない。つまりこの期の合併は前述の町村合併にあわせた行政主導型という以上に、事業成長取り込み型の合併だったといえる[(15)]。そして事業伸長率は共済が最高だったが、収益的には信用事業が最大だった。

［1975～85年］…低成長への移行とともに、貯金や共済をはじめとして農協事業の伸び率は軒並みダウンする。合併の勢いも衰えた。今期の特徴は、純収益に占める共済のウエイトが増大したこと、貯貸率が急落し始め、農林中金・県信連からの奨励金依存を強めた点である。信用事業依存型ビジネスモデルは**奨励金依存型ビジネスモデル**に「深化」し、貯蓄組合化した。

［1985～2005年］…各事業の伸び率は一段と低下し、とくに販売事業、購買事業ともにマイナスに転じた。この時期、グローバル化に伴う金融自由化、金利低下が著しくなり、信用事業は利ザヤの縮小に追い込まれ、純収益トッ

---

(15)拙著『農協改革と平成合併』（前掲）第1章。

プの座を共済事業に譲るが、その長期共済保有高の伸び率も著しくダウンしていく。

このようななかで、今期の最大の特徴は、農協の減少率（合併件数の増大率）が急上昇した点である。その論理は次のようである。すなわちJAグループは金利低下による信用事業の収益減をカバーするために、単協当たりの信用事業規模（預け金規模）を大きくし、奨励金絶対額の増を図るため広域合併に励むようになる。**低金利化対応型合併**といえる。

［現段階］…共済の長期保有高はマイナスに向かい、准組合員比率の上昇スピードが高まり、信用事業が再び純収益のトップに返り咲く。つまり信用事業・奨励金依存型ビジネスモデルの復調である。

規模の経済論をめぐって

農協合併をビジネスモデル内在的に把握する以上の見方に対して、伝統的な合併合理化論は「規模の経済」に基づく。合併により協同のエリアが拡がることで、組合員一人当たりの貯金額や農産物販売額が増大するというスケールメリットが発揮され、コストの削減や生産性の向上につながるという論である。

この点は、既に統計的には否定されているが(16)、今日的な状況を確認し

表 4-4　正組合員規模別にみた農協―2017 年度―

	准組合員比率（%）	貯金額（億円）	組合員当たり貯金額	販売額（億円）	正組当たり販売額	労働生産性	事業管理費/総利益	信用事業依存度
～499	82.7	167	1,022 万円	69	2,449 万円	934 万円	84.4%	18.3%
～999	74.6	353	1,247	54	749	1,069	85.1	26.0
～1999	72.6	671	1,239	57	383	1,006	85.7	38.1
～2999	71.9	1,024	1,129	42	167	957	89.1	46.8
～4999	65.5	1,167	1,000	37	93	894	90.5	44.9
～9999	57.6	1,647	963	69	95	869	90.7	40.8
10,000～	55.4	3,656	919	129	73	895	91.3	42.8
平均	59.0	1,545	966	71	109	900	90.3	41.3

注：1）労働生産性=事業総利益/職員、信用事業依存度=信用事業利益/事業総利益
　　2）「総合農協統計表」による。

(16)拙編著『協同組合としての農協』筑波書房、2009年、第10章（拙稿）第３節。

たのが、**表4-4**である。これによれば、組合員一人当たり貯金額や販売額は規模が大きくなるほど低下し、総利益に対する事業管理費の割合でみたコストダウンは規模があがるほど低下し、労働生産性は正組合員3,000人以上層では停滞的である。ただし、当たり前のことではあるが、単協当たりの貯金総額と販売総額は規模とともに増大している。

ただし、**表4-4**からは、正確には、規模の経済が否定されたと言うより、確認されないと言うべきである。第一に、正組合員2,000人以下層では北海道の農協の割合が高く、規模の相違ではなく、北海道と府県の地域差が示されているとみるべきである（ただし、2,000人以上層のみでも規模の経済は働いていないが)。第二に、同統計表は最大規模層が正組合員10,000人で一括されており、今日の大規模合併に対応していない(17)。その点で、次に見る１県１JA化は、規模の経済という点では未知の領域へのチャレンジになる。

１県１JA化

21世紀の農協合併を特徴づけるのは１県１JAの出現であり、西日本を中心に同構想が目白押しである(18)。１県１JAは何をめざし、何を達成したのか。

既存の１県１JAについて合併の背景・目的をみると、奈良県・香川県は１日経済圏への対応、沖縄県は破綻救済合併（全国支援の必須条件)、島根県は中山間地域における農協の存立困難を背景とした「足元の明るいうち合併」(予防的合併）といえる(19)。要するにそれぞれの立地条件やのっぴきならぬ状況を踏まえての合併であり、ともかく地域に農協を残すことができたのが共通成果だが、それ以上の共通点をみいだすのは難しい。

---

(17) 拙著『農協改革と平成合併』（前掲)、第１章。

(18) 日農（2019年３月15日）によれば、20府県にのぼる。うち東日本は秋田、山梨、福井、岐阜の４県、近畿・中国の全県、四国２県、九州５県。

(19) 前掲・拙著、第２章。構想段階の１県１JAについては、『農業・農協問題研究』66号（2018年）「『農協改革』の下でのさらなる広域合併問題について」の磯田宏（福岡県)、品川優（佐賀県）論文を参照。

表 4-5　2000（02）～2018 年度の変化率および事業管理費割合

		全国	奈良県	香川県	沖縄県
A. 総組合員		115.2	152.7	96.2	125.0
B. 正組合員		72.6	82.2	69.5	84.8
C. 総職員		72.6	80.4	63.0	120.3
E. 貯金額		140.3	130.5	129.5	141.3
F. 販売額		92.3	66.4	71.3	121.5
G. 事業総利益		82.2	84.6	67.2	98.6
H. うち信用事業		90.0	101.6	75.6	114.9
I. 事業管理費		75.0	73.0	61.2	104.1
組合員当	E/A	121.9	107.8	134.6	113.1
り事業額	F/B	114.0	80.8	102.7	143.4
労働生産性　G/C		113.2	105.2	106.8	81.9
事業管理	2000 年	98.1	103.0	91.2	96.0
費割合 I/G	2018 年	89.4	88.8	92.0	95.7
信用事業	2000 年	35.2	45.5	47.5	37.4
依存度 H/G	2018 年	42.4	54.6	55.7	43.6

注：沖縄は 2002～2018 年度、『総合農協統計表』による。

にもかかわらず多数の県域合併構想が打ち出されているなかで、規模の経済等の観点からの一般的指標について、奈良、香川、沖縄の三事例がどうだったのかを見たのが**表4-5**である。

第一に、合併により組合員協同が拡がることで組合員一人当たり貯金量額や正組合員一人当たり販売額が増大するという、多分に理念的な指標の伸び率は、貯金額については奈良・香川県とも全国平均以下だった。販売額については、沖縄県は健闘したが、香川県は横ばい、奈良県はマイナスだった。

第二に、規模拡大により事業管理費を圧縮できたかについては、香川県は全国平均を上回って削減したが、沖縄県は増えた。その背景の一つに香川県は総職員数の２割減がある。事業総利益に対する事業管理費の割合という点から効率を見ると、事業管理費が割高だった奈良県は全国平均まで落とすことができたが、他の二県は2018年に全国平均を上回っている。

労働生産性の伸びは奈良・香川県は全国平均以下、総職員を増やした沖縄県はマイナスである。

第三に、事業総利益に占める割合から信用事業依存度を低めているか否かをみると、３県とも依存度を高め、かつ2018年の水準では全国平均をかなり上回っている。沖縄県を除いて、元から信用事業依存度が高い県域が、それをより高めた結果になった。

各県ごとには、奈良県は事業管理費割合を最も引き下げたが、組合員当たりの販売額の伸びは低く、貯金額は減らした。香川県は総職員数・事業管理費を最も減らし、労働生産性をそれなりに高めたが、販売額、事業総利益、信用事業利益を最も減らした。沖縄県は唯一、職員を増やし、貯金額や販売額を最も伸ばしたが、労働生産性は大きく落ちた（絶対水準もかなり低い）。要するにコストを減らせば事業量も減る、事業量を増やすにはコストなかんずく人件費を増やす必要があるという、当然と言えば当然の結果である。

小括―１県１JA構想の再確認

３県に共通するのは、貯金総額の増と信用事業依存度の増のみである。その限りでは、１県１JAもまた、これまでの信用事業・奨励金依存、低金利対応型合併の延長上にあり、一般的な規模の経済は発揮できていない。いいかえれば県域合併を含む広域合併は、たんなる規模の経済の発揮を超える、それぞれの県域に独自の課題を達成するために設計され、その課題に即して評価されるべきだろう。このような観点から構想中の１県１JA化については、何のための合併か、何を狙っての合併か、いま一度、再確認すべき時点にたちいたったといえる。その際に、次の点に留意する必要がある。

第一に、本節で強調してきたのは利率低下により信用事業上のメリットが薄れた点である。そもそも１県１JA化すれば単協としての貯金総額、従って奨励金総額は増える。しかしそれはあくまで旧単協ごとに分けていた総額をトータルしただけで、信用事業のパイそのものが増えるわけではない。

第二に、１県１JAが県信連等を包括承継すれば、県信連では可能だった外貨建て運用等ができなくなる。また貯金のうち、農林中金への預け金を除く県域運用額は、１県１JA化しない場合は、県域総額の2/3まで可能だが、１単協になれば1/2になる。農協の地域金融機関化を農協の進むべき道とした場合にはマイナスである。

第三に、今日の県域合併は、農協改革のなかで、経済事業上のメリットをうたわざるをえず、その多くは広域営農指導体制の強化や広域集出荷施設・体制の強化になるが、前者については、現実の１県１JA化は信用共済事業の本店集権化と経済・営農指導事業の地域分権を主流としている。後者については実際には全農との提携が追求されている。とくに産地農協としては具体的方途を示す必要がある。

そもそも経済事業で実を上げるには地域に密着する必要があるが、合併すれば、農協はどうしても地域から遠くならざるを得ない。

第四に、現実の県域合併では、旧農協ごと、あるいはそれをいくつか束ねた地域ごとに「地区本部」等の中間機関を設けざるを得ず、合併エネルギーの大半が地区本部のエリア分け、その権限や仕組み、利益還元等の設計に費やされる。そして地区本部の存続期間が長くなるほど合併効果の発揮は遅れる。

第３節　農協の未来像をめぐる課題

農協「改革」の試練を経、奨励金金利の引き下げに直面し、農協はビジネスモデルの転換を迫られ、新たなビジネスモデルの上に自らの未来像を構築する課題に直面している。「時計の針を止めないで時計を修理する」ためには、ビジネスモデルも「転換」というよりは「刷新」が具体的課題になるかもしれない。

１．食と農を基軸として地域に根ざした協同組合（総合農協）へ

安倍政権の農協「改革」に先立ち、農協系統は自らの将来像を打ち出していた。それは1970年代以降、一貫して追求してきた道筋の確認である。すなわち2012年の第26回JA全国大会は、「めざす姿（10年後）」として、「次代につなぐ協同」（「地域でおぎないあい、外とつながりあう協同」、「支店を核に、組合員・地域の課題に向き合う協同」）を主題として、地域農業戦略、地域

くらし戦略、経営基盤戦略の三つの戦略を掲げたが、このうち第三の戦略が「次代とともに、『食と農を基軸として地域に根ざした協同組合』となっている姿」であり、要するに地域密着業態としての総合農協の深化である。

このような方向は農協「改革」のなかで、准組合員利用規制、信用事業の代理店化を通じる職能組合純化を押し付ける政府に対して、総合農協を選択することにより再確認された。しかしその行く手に課題が山積していることは既述の通りである。具体的には、准組合員の参画、どんぶり勘定からセグメント会計への転換、ビジネスモデルの刷新である。

２．准組合員の位置づけ

「地域に根ざした協同組合」は「地域に開かれた協同組合」ということでもある。「地域に開かれた」（オープン、公共性）と協同組合のメンバーシップ制とはそぐわない面がある。それを多少ともつなぐのが「准組合員」制度だが、それは農協制度のアキレス腱をなしている。

先の第26回大会では、農協は、「准組合員から様々な期待がある一方、准組合員の声を聞く機会を設けているJAは減少傾向にあります」としつつ、素案では「**准組合員の理事への登用を含め**、准組合員の意思も反映した経営を実践します」としていたが、大会議案ではゴチの部分は削られた。農協としての意思統一の期が熟していなかったものと想われる。また「『食と農を基軸として地域に根ざした協同組合』として、今後の組合員制度の在り方について、JAグループとして検討をすすめます」としていたが、その後は「パートナー」、「応援団」の域を遠く越えず足踏みしている。

第28回大会を踏まえて、全中理事会には准組合員の位置づけを「正組合員とともに、地域農業や地域経済の発展を共に支える組合員」に見直すことが提起されたが（2019年10月３日）、「共に支える組合員」となると矛盾は深まる。

この矛盾をどう解決するか。一つは規制改革会議の方向で、前述のように「准組合員の事業利用は、正組合員の事業利用の２分の１を越えてはならない」としたが、これは准組合員とその出資の割合の制限に及ばなければ論理的に一貫しない。政府も「農業者の協同組織」の原点復帰を建前とする以上は、その方向をとることになる。

もう一つの解決方法は、農協法を改正し、准組合員にそれなりの議決権を認めることである。しかし単純に１人１票の議決権を与えれば、それはもはや農業協同組合ではなく、地域（生活）協同組合になってしまう。准組合員に議決権を認めつつ、「農業」協同組合たり続けるというアポリアの解決は、正組合員のイニシアティブを制度的に担保する限りでの議決付与である。それは総数で1/4を限度とする議決権付与であろう。

会議は1/2の出席で成立し、その1/2の賛成で可決される。1/2×1/2＝1/4が会議のイニシアティブを握ることのできる形式的最低条件である。それを排除するには、准組合員の総議決権を1/4までに制限することである（准組合員数が1/4を超える場合には1/4まで、1/4未満ではその組合員総数に対する割合まで）[20]。

しかしながら、このような法改正を主張する政治勢力はなく、政府は反准組合員的であるから、その法的実現の可能性は極めて乏しい。そのような状況に鑑みれば、現実的運動課題は、准組合員のJA運営への実質的な参加を追求していくことだろう。既に定款改正して准組合員の総（代）会出席定数を定める等の措置、総代会議案検討のための会議への准組合員の出席、正准を問わない支店運営委員会への参加等の実践が試みられている。総代会で発言するまでには至らないとしても、その声がとどく仕組みが模索されつつあ

---

(20) このような1/4経験はカナダ等でみられるが、日本においても原始農協法の制定に関連した質疑応答集に、理事についてではあるが、「准組合員には総会の議決権、役員の選挙権がなく、又理事の定数の四分の一以内においてのみ理事となりうるに過ぎないから、組合の指導権を握ることはないと考える」（農林省事務局「農業協同組合法案及び同施行法案に関する質疑応答集」1947年、小倉武一他編『農協法の成立過程』協同組合経営研究所、1961年、359頁）という見解が表明されている。

る（第4節）[21]。

3．セグメント会計と部門別損益

准組合員の運動・経営への参画を実質化する上でも、またビジネスモデルの刷新を図る上でも、現行のどんぶり勘定は許されない。部門ごとのセグメント会計に基づく部門損益を明確化し、課題設定していく必要がある。正組合員（農家）と准組合員（非農家）は、階層性も利害も異なることを明確にしたうえでの議論が必要である。

准組合員が実質的な発言権をもつようになれば、自分たちの利用からも得た収益の処分権を求めることになろう。それは端的に、自分たちの利用からも得た収益を正組合員のための経済事業や営農指導事業の赤字補てんのみに充てていいのか、それらの収益を積み立てた資金を農業施設の投資のみに充てていいのか、を問うことになる。それに蓋をしないで議論し、共通理解をえるにはセグメント会計が基礎になる。

金融危機に際しての1996年農協改革2法で、農協は部門別損益を総会に付することが義務付けられた。部門ごとの事業利益を知るには、事業外利益・費用を含む経常利益ではなく、それを含まない部門別損益が必要である。しかるにその計算には共通管理費の部門別配賦が必要だが、そこに統一基準はなく、農協ごとに設定することとなっている。そのような裁量性を伴うためか、農水省も農協系統も部門別損益には立ち入らない[22]。

現実の事業利益の部門構成をみたのが**表4-6**である。これによれば部門間

---

(21) 農水省や農協側の取組がもたついて意思統一できないでいる間に、規制改革推進会議は答申で「農協の自己改革の中で准組合員の意思を経営に反映させる方策についての検討を行い、必要に応じて措置を講ずる」と答申した（2020年7月2日）。准組利用規制しないなら、意思反映の仕組みを明確化すべき（どうせできないだろう）と変化球を投げてきたともいえる。「外部からの強制がなければ何もしない農政・農協」という印象付けでもある。

(22) 総代会資料では1号議案の末尾に掲載され、「総合農協統計表」では全国数字の1枚紙が掲載されるだけである。各県中央会もデータを出したがらない。

表 4-6　農協の事業利益の部門別構成―全国―

	総事業利益=100 とした部門構成（%）					営農指導赤字額/正組合員数（円）
	信用事業	共済事業	農業事業	生活事業	営農指導	
2007	118.8	97.7	△25.1	△23.0	△68.4	23,683
2013	116.4	64.1	△11.7	△14.0	△54.8	24,701
2017	120.9	84.7	△22.7	△17.9	△65.1	26,360

注：「総合農協統計表」による。

の補填関係は明らかである。最近の動きを見ても、2013年にかけて部門間のアンバランスは微弱ながら改善されてきたが、農協「改革」の期間に、農業事業の赤字割合は高まり、信用事業や共済事業による補填関係が強まっていることが分かる。

また表の右端に正組合員一人当たりの営農指導部門の事業利益の赤字額を示しておいた。これは農協が信用・共済事業等で得た事業利益を営農指導部門にどれだけ注ぎ込んでいるかの指標になり、微増傾向にある。表示はしなかったが、この赤字額は北海道では10万円をこし、次いで首都圏都市農協が高く[(23)]、産地農協の宮崎県では５万円、鹿児島県では３万円強である。

そこで正准組合員が共通理解を得るうえでの課題は明らかである。第一は、経済事業の赤字割合を納得できる水準まで減らすことである。

第二は、赤字の大宗を占める営農指導事業の位置づけを明確にすることである。営農指導事業はほとんど収益がなく、農協におけるコストセンターである[(24)]。そして営農指導はコスト（赤字）を減らせばいいというものでもない。

問題は、営農指導事業の赤字の位置付けである。それをたんに正組合員の

(23) 都市農協が高くなるのは信用事業収益が大きいからでもあるが、同じ都市農協でも首都圏、中京圏、近畿圏それぞれ異なる。いずれにせよ「都市農協というのは非常に畸形」（大田原高昭『新　明日の農協』農文協、2019年、230頁）といった決めつけは排されるべきである。

(24) 営農指導事業の収入にたいする賦課金の割合は、北海道36％、都府県16％で低下傾向にある。板橋衛「北海道の農協に求められること」『地域と農業』2020年春号。

農業経営のため（自己改革のスローガンでは「農業者の所得増大」）とすれば、農業者のみで負担すべきということになる。そうではなく、国民が望む食料自給率の向上、農業の多面的機能の発揮、地域生活を脅かす鳥獣害の防止、条件不利な都市農業や中山間地域農業の維持のための投資と位置付け、そのことに賛同することを条件に地域住民に准組合員として参加してもらう。これがJAグループの自己規定である先の「食と農を基軸として地域に根ざした協同組合」、筆者の言葉で言えば「農的地域協同組合」の具体化である(25)。

そのためには営農指導事業の対象も、いわゆる担い手農業者（認定農業者等）向けだけでなく、直売所出荷農業、自家菜園的「農業」にも及び（先の全中文書ではセグメント別営農指導）、また非農家・准組合員を営農支援者から農業者に仕立て上げていく試み等にも向けられるべきだろう(26)。

4．農協ビジネスモデルの刷新

本章では高度成長期に形成された農協ビジネスモデルを信用事業・奨励金依存型ビジネスモデルとしてきた。農林中金の奨励金利率の引き下げは、奨励金依存型ビジネスモデルを直撃した。そこで農協ビジネスモデルの「転換」とは、具体的には奨励金依存度が低下するなかで持続可能なビジネスモデルへの「改革」「刷新」である。

農水省は既に「農協のあり方研究会」報告（2003年）で、「金融情勢の変化の中で、信用事業・共済事業の収益も減少しており、経済事業等の改革を

(25) 拙稿「協同組合としての農協」、拙編著『協同組合としての農協』筑波書房、2009年。改正農協法の事業理念は、「農業所得の増大に最大限の配慮」（7条）から、食料・農業・農村基本法に定める食料の安定供給（自給率向上）、多面的機能の発揮、農村の振興に改められるべきである。

(26) 農地法、農協法等の農業に関する基本的法律は、農業基本法から食料・農業・農村基本法への転換にもかかわらず、そして同法制定後の幾たびもの改正に関わらず、農業基本法の段階にとどまっている。これでは農業基本法同様に遠からず形骸化する。

進めなければ、JAの経営自体が成り立たなくなりかねず、早急な対応が必要」として、「信用事業・共済事業の収益による補てんがなくとも成り立つように、経済事業等について大胆な合理化・効率化を進める必要」を説いたところである。それは、農業専門農協化を目指す点で、今次の農協「改革」に引き継がれているが、その路線は、農協自らによる総合農協の選択により否定された。

農水省は、部門別損益で経済事業が黒字の農協は、2014事業年度について、全国で19.8%、うち北海道で62.8%とした[27]。2018年度は、北海道については、経済事業の赤字は108JAのうち10JA、経済事業で営農指導事業の赤字を補填できるJAは約半分とされている。府県では、例えば鹿児島県は、13JAのうち12JAが経済事業が黒字、うち営農指導の赤字をカバーできるのは4JA、宮崎県の場合は、同じく13JAのうち、それぞれ10JAと2JAである（いずれも各道県中央会）。

要するに黒字は販売額の大きい農協に限られる。それは立地条件にも規定され、先の「あり方研」の「信用事業・共済事業の収益による補てんがなくとも成り立つ」は現実的ではなく、「補てんが減っても成り立つ」農協をめざすことである。

より具体的には、農業融資は農業産出額により、共済事業は人口減少により、購買事業は生産資材格引き下げ圧力により、それぞれ拡大困難に直面するなかで、地域金融機関化[28]と販売事業に活路をみいだすことになる。それにより経済事業の赤字を減らしつつ、正組合員一人当たり営農指導赤字額については現状の全国平均水準以上を確保する方向である。

販売事業の農協手数料は、本来であればコストに見合った料率設定（例え

---

(27) 農水省「農協の信用事業を取り巻く環境について」(2017年)。

(28) 青柳斉「農協金融問題の焦点とめざすべき方向」『農業と経済』2020年7・8合併号。現実にはそれはコロナ危機下における地銀や信金等の実践にもみられるように、地域企業の経営指導・再建支援等を伴う高度に専門的な困難な道筋である。

ば直売所のそれ）が必要だが、農家利益の点からも、また信用事業等からの補てんを期待しうるところからも、低く設定されてきているが、現状での料率の引き上げは価格競争力を減殺することにもなる[29]。とすれば販売額の増大しかない[30]。

今日の農協にとって課題の焦点は、このような産地の拡大・深掘り、農協ビジネスモデルの刷新が、広域合併、１県１JA化と果たして整合的かである。整合的と判断するなら合併の道を果敢に追及する必要がある。必ずしもそうでないと判断されれば、前述のように、一度立ちどまって考え直すべきだろう。

その場合にも、販売ロットの確保やコスト面で、JA間あるいはJA・全農（県本部）間、１県１JAの地区本部間の共同での集出荷施設等の共同建設や共同利用が欠かせない[31]。

JA間協同・連合としては十勝農業協同組合連合会（十勝農協連）・JAネットワーク十勝のような取り組みもある。これは合わせて正組合員5,300戸、販売額3,000億円の24JA（１JA当たり220人、125億円）が、「合併ありき」ではなく、あくまでネットワーク事業として取り組むものである[32]。

十勝農協連は、地区連合会として組合員総合支援システムを構築し、主として生産技術面（十勝型GPA普及、種子・有用微生物資材の開発・普及、病害虫発生情報、土壌・飼料分析、残留農薬検査、畜産の安全対策、技術向上、乳用育成牛預託事業等）に取り組み、JAネットワーク十勝は主として財務基盤強化（基準や目標の設定、評価、調査と勧告等）や意識改革面に取り組む。ともに既存の系統組織機能の足らざるところを補うものといえる。

---

(29) 手数料引き上げへのチャレンジの例としてはJA山形おきたまがあげられる（拙著『農協改革と平成合併』（前掲）第３章補論）。

(30) 第１章第２節でみたように、コロナ危機による人々の生活モデルそのものが変化していく中で、農産物需要のあり方の変化に即応することが課題になる。

(31) 全農（県本部）もJAしまね、JA高知県等で検討している（日農、2020年６月９日）

(32)「農業協同組合新聞」2018年８月10日号の特集記事による。

５．組合員組織の強化

モデルチェンジや合併は直接にはJAの上部構造における組替であり、それがどうあろうと、下部構造としての集落レベルの組合員組織、とくに農家（生産）組合等は不変である。組織再編をめぐり上部構造の組替に議論が集中すると、どうしても土台へのまなざしが薄れる。しかし農協の進路を決めるのは組合員であり、農家組合が議論の場になるべきである。

ところがこの土台が高齢化、離農、混住化で形骸化している地域が少なくない。農家組合は、理事や総代、支店運営委員の選出基盤であり、また正組合員、准組合員の別なく集まり話し合える場であり（そのため「みどり組合」などと名称変更するJAもある）、地域とJA経営を結ぶ集落座談会の場でもある。

そこが形骸化したのでは、合併等により必ずJAと地域・組合員は疎遠になる。とくに信用事業は組合員が苦手な分野であり、懇切な説得と納得が求められる。ばらける時代における、地域での人と人との繋がりをどう再構築し、JAがそれを見守ることができるかが課題である[(33)]。

第４節　准組合員対策の課題

１．准組合員問題とは何か

アメリカ金融資本の要求から始まった

アメリカ財界の出先機関である日米国商工会議所（ACCJ）は毎年、対日要求書を出しております。近年は農協「改革」に併せて、日本の農村金融市場にビジネスチャンスを求め、そのアメリカ金融資本への開放を強く要求しています。

---

(33) 農家組合対策を重視したJAの事例として、JAいわて花巻（同上、第３章第１節）、JA松本ハイランドがある（拙著『農協改革・ポストTPP・地域』筑波書房、2017年、第１章Ⅳ）。

具体的には、第一に、農協は准組合員など「不特定多数」向けに金融事業を展開しているので、農水省の管轄から金融庁の管轄に移し、一般金融機関（アメリカ金融資本など）とイコールフッティング（同等に扱う）にすべきである。第二に、それが実現するまでは、「准組合員の拡大等ゆがんだ構成員体系」を改め、その利用を正組合員の1/2にするという規制改革会議の提案に従うべし、として露骨に日本の規制改革会議等との連係プレーを強調しています。協同組合を株式会社とイコールフッティングにすべきという新自由主義的な要求です。この要求は執拗に続きます[34]。

この外からの要求を背景に、日本の財界意見を代表する規制改革会議の答申を受ける形で、安倍政権が准組合員利用規制を農協「改革」のテコに用いた経緯は本章第１節で触れました。

農協自らにとっての准組合員問題

准組合員問題は、このような外からの攻撃だけでなく、農協自らの内在的な問題でもあります。

第一に、准組合員は農協の組合員ですが、前述のように議決権、選挙権をもちません。そのことは組合員平等をうたう協同組合民主主義にそもそも反します。

第二は、議決権がないということは、准組合員には自分たちの農協事業利用で農協が得た収益の処分権がないことになります。先の大臣発言も、大臣は准組合員の利用から得られた収益の一部が営農指導等のサービスに回されるとしていましたが、准組合員の了解なしに正組合員だけでそのことを決定するのは、一種の不当利得にあたります。

これらの問題を形式的に解決するには、農協法を改正して准組合員にも議決権、選挙権を与えることです。しかしそのような法改正は農協法全体に影

---

(34) 最近では、2020年まで有効な保険委員会の意見書で共済をとりあげ、全く同じ論法で一般保険企業とのイコールフッティングを主張している。共済は農協だけでなく広範な業界に及ぶことになる。

響が及び、農協の性格を変えていくことになり、そこまで機が熟しているかは疑問もあります。そこで准組合員の実態や要望を詳しく知る必要があります。

２．准組合員の実態と要望

准組合員とは誰のことか

どんな人が、なぜ、准組合員になっているのでしょうか。北海道では、1970年代末あたりまでの准組合員の増加は主として正組合員の離農に伴うものだったが、以降は、員外利用規制を遵守するための准組合員化も含め、農協の信用・共済事業や購買事業を利用する農外者の准組化だとされています(35)。非農家の生活インフラ利用というわけです。

関東（都市近郊）・東海（同）・近畿（兼業稲作）の３農協に対するある調査では（2016年）、農家出身者は各36、39、56％でした。

ＪＡ横浜では横浜農協が2012年に行った准組合員アンケートでは（1.4万人から回答、回答率38％）、准組合員に占める正組合員の分家等の割合は４％程度でした。「ＪＡへの加入理由」は、「職員の勧め」40％、「家族・知人の利用」33％、「配当金に魅力」24％でした。

ＪＡあつぎが2016年に実施した准組合員調査　（配布1.2万、回収率35％）では、「正組合員からの資格変更」は２％に過ぎませんでした。また准組合員になったきっかけは、「定期貯金の金利」24％、「家族・知人の勧め」16％、「共済に加入」15％、「住宅ローン」10％でした。

以上の事例から推測されるのは、准組合員の圧倒的に多くは、離農者や農家分家ではなく、農協事業を利用している一般住民です。しかも農協が准組合員を必ずしも積極的に勧誘しているわけではありません。ＪＡ横浜のように、貯金の勧誘はあったかもしれませんが、何よりも金利です。北海道では准組合員は「気が付いたら増えていた」とされます。

どうして増えたのかといえば、農協事業が魅力的なことが家族・知人等か

(35) 宮入隆「北海道における農協准組合員の実態」、小林国之編著『北海道から農協改革を問う』筑波書房、2017年。

ら口コミで伝えられたからです。事業の魅力で増えたということは、素晴らしいことでもありますが、事業限りという弱点もあります。

准組合員にとっての農協とは

JAあつぎの調査による准組合員の農協についてのイメージは、「身近な金融機関」が53％を占め、「農業者のための組織」19％、「農畜産物の販売」７％でした。

「JAあつぎの活動で知っているもの」については、夢未市（大型直売所）、支所直売所、農業まつり・盆踊りが80～90％と高率です。どんな活動に参加したいかについては、相談会（法律・税金・相続）、趣味別グループ活動、収穫体験イベントが60％以上、相談会（ローン・年金）、農作業手伝い・農業塾が50％程度で、地区別座談会等は40％でした。

JA横浜では、農協利用は貯金95％、感謝の集い（歌謡ショー等）60％、口座振り込み50％、直売所利用43％、共済40％といったところです。現在よりも増やしたい利用項目として料理教室、収穫体験、葬祭、家庭菜園等が挙げられています。「皆さまのお考えやご意見をお聞きする場の設定」については「特に必要ない」が52％、「意見交換を定期的に」11％でした。しかし「友人知人にJAの事業や准組合員になることを勧めたいですか」という問いには61％が勧めたいと答えています。

都市農協の准組合員は、農協を「身近な金融機関」として高金利の定期貯金等を大いに利用し、農協のグループ活動やイベントにも参加しますが、意見交換等で積極的にコミットするほどの意欲はない、いわばスープの冷めない距離でのお付き合いを望んでいるようです。

准組合員の事業利用割合

北海道の単協の事例[36]を引用したのが**表4-7**です。どのJAも准組合員の

---

(36)JA南るもい…日本海沿岸部の稲作地帯、JAあしょろ…十勝中山間地域の酪農・畜産地帯、JAつべつ…北見の中山間地帯で酪農・畜産・畑作地帯。

表 4-7　北海道の農協事業における准組合員利用割合

単位：％

農協	事業	正組合員	准組合員	員外
南るもい	貯金（残高）	50%以上	20%前後	21.8
	貸付金	73.8	23.7	2.5
	共済（掛け金）	46	45	9
あしょろ	貯金（残高）	39.3	37	23.7
	貸付金	90%以上	—	—
	共済（掛け金）	63.3	24	12.7
つべつ	貯金（残高）	41	37	22
	貸付金	89	11	—
	共済（掛け金）	71	14	15

注：小林国之『北海道から農協改革を問う』第４章（宮入隆）より作成。

事業利用の割合は正組合員より低いですが、その差は必ずしも大きくなく(JA南るもいを除き)、准組と員外を足せば５割を超えています。貸付金はどのJAも正組合員が７割を占め、農業地帯として正組合員の農業投資等が多いことを示唆しますが、共済はJAにより異なります。ここから参照論文は、北海道の農協は「依然として職能組合としての性格は維持されている」としていますが、私としてはむしろ貯金に占める准組合員比重の高さに驚かされます。

都府県についてのまとまったデータを持ち合わせませんが、大都市圏（近郊）でのいくつかのヒアリングでは、准組合員の貯金額が正組合員のそれを凌駕し、員外と合わせれば過半を占めています。

改正農協法附則にもとづく正准組合員の事業利用調査の結果が明らかになると、都市農協に限らず貯金量等に占める准組合員の比重が想像以上に高く、そのことをどう踏まえるかが問われることになりそうです。

准組合員比率の地域性

准組合員の組合員および出資口数に対する割合をみたのが**表4-8**です。一見してかなりの地域差があります。北海道は、組合員比率はトップですが、出資口数では少ない。准組合員の比率は高いが、経済的比重は低いと言えます。

表 4-8　地域別に見た准組合員の比率
—2017 年度—

単位：%

	組合員数	出資口数
全国	59.0	25.5
北海道	81.9	17.1
東北	40.8	9.3
関東	58.6	26.1
北陸	50.6	15.9
東海	65.3	33.5
近畿	65.0	43.2
中四国	58.0	28.6
九州	60.0	22.8
沖縄	65.2	61.9
東京都	81.2	43.8
神奈川県	81.5	31.6
大阪府	71.7	60.8

注：農水省「総合農協統計表」による。

東日本は両方とも低い。ただし関東のなかでも東京、神奈川は突出して高く、次の西日本に似ています。とくに東京では出資口数比率が近畿並みに高い。

東海以西の西日本は概して両方とも高い。とくに近畿では出資口数割合が43%に達し、大阪では出資口数の６割を准組合員が占めます(37)。

かくして、とくに東北・北陸・北関東と、東京・神奈川・東海・近畿では准組合員の比重が大きく異なり、准組合員問題に対してかなりの温度差がありうることが想像されます。

３．准組合員対策

農協系統の取組み

JA全国大会は21世紀に入り、准組合員問題を繰り返しとりあげていますが、どうやら見解の一致をみないまま足踏みしているようです。第26回大会(2012年）は、「准組合員から様々な期待がある一方、准組合員の声を聞く機

(37) 沖縄も准組合員の出資口数が６割を占めるが、これは2001年の１県１JA化に際して組合員の出資金が１口1,000円に限定されたことが影響している。

会を設けているJAは減少傾向にあります」として、「店舗利用者懇談会、共済友の会等の利用者組合のメンバー」を有するJAは、2002年の66％から2011年の34％へ、『集落座談会に出席』は42％から26％に減っている図を示し、学習活動の強化、多様な意思反映の仕組み導入を訴え、案では「准組合員の理事への登用」をうたいましたが、決定からは外されました。「今後の組合員組織のあり方について、JAグループとして検討をすすめます」ともしており、これには准組合員の制度的位置づけも含まれるはずですが、「検討を進めます」とは「しない」ということでしょうか。

これらに対して「組合員制度の検討はもろ刃のつるぎ、法律にかかわることから、本大会議案の作成のなかではなく、有識者をいれて３年間議論すべき」（2012年大会の審議会・専門委員会での発言）といった慎重意見が出されています。

2015年の農協「改革」下の第27回大会は、組合員の「アクティブ・メンバーシップ」の確立を７本の柱の一つとし、准組合員を「パートナー」と位置づけ、「農業振興の応援団」と「定義」しましたが、具体的にあげているのは総合ポイント制度の拡充ぐらいです。

第28回大会（2018～19年）は、農業所得の増大を准組合員が「後押し」するには「食べて応援」「作って応援」が効果的だとして、「准組合員総代制度を構築」を掲げていますが、それは定款変更で可能なことで、制度論には踏み込んでいません。

大会後の全中理事会は「農協法５年後見直し」に向け「准組合員の位置づけを制度的にも実質的にも明確にする」と提起しましたが、それに対して、西日本では准組合員の参画が進んでいるだろうが我々（東日本のJA ？）はイメージがわかない、「応援団」という言葉さえ使うのが難しく、「パートナー」はさらにはハードルが高いといった意見が出されています。

このように東・西日本をはじめとして農協間に相当に温度差があるなかで、制度検討（法改正）の議論は時期尚早であり、実質的な参加の道を開くことが実践的な課題といえます。

准組合員対策の取組み―JAあつぎ

たびたびその資料を使わせていただいているJAあつぎの准組合員へのアプローチをみていきます[38]。Jあつぎは神奈川県央の中核都市である厚木市に立地し、組合員1.7万人、うち准組合員が75％、出資口数で30％を占めています。貯金額3,500億円、農産物販売額13.5億円程度で、大型直売所・夢未市が直営直売所３か所と合わせて11億円の販売をしています。

信用事業では貯金、貸付ともに准組合員利用が正組合員を上回っています。

正組合員資格から作付け面積を除外して作業日数のみにするとか、准組合員総代を設けるとかいった制度対応をするより、活動面でのアプローチを大切にしています。まず組合員組織を准組合員にもオープンにし、生産組合員の４割、女性部の同じく４割が准組合員、年金友の会に至っては過半を准組合員が占めています。地区別座談会の出席者の１割程度、春の営農座談会にも20～30名の准組合員が参加します。

毎月、大判で20ページ程度の情報誌「グリーンアートあつぎ」を准組合員を含む全組合員に配布するとともに（先の調査によると准組合員の９割近くが読んでいます）、2016年度から准組合員向けの大判４ページほどの広報誌「グリーンページ」を年３回発行しています（生産組合参加者は同組合を通じ、その他は郵送）。一面は農業・農協について、見開きの二・三面は「地場野菜を味わうジャムレシピ」とか「実りの秋！　家族で農業まつりに行こう！」マップなど、四面は「家庭菜園ワンポイントアドバイス」、講習会、直売所ガイドなど実用情報です。

１支店１准組合員活動

2019年度から「１支店１准組合員活動」の取組を開始しました。准組合員

---

(38) JAあつぎについては、拙稿「協同の現場を歩く―生産組合に准組を迎えいれるJAあつぎ」（『農業協同組合新聞』2020年４月10日号）。またJA横浜の准組合員対策については、拙著『農協改革・ポストTPP・地域』筑波書房、2017年、第２章Ⅰを参照。

を「農と暮らしをともに支えるパートナー」と位置づけ「地産地消をはじめとした地域農業への理解を深めてもらう」ことが目的です。初年度の取り組み事例をみると、野菜栽培講習会、味噌仕込み体験、収穫体験（祭り）、アレンジメント教室、米粉シフォンケーキ講習会等で、本所各課も直売所日帰りツアー、大根・白菜収穫ボランティア、料理講習会、花の寄せ植え等の企画をしています。

ある支所のジャガイモ収穫祭をみると、主催は地区運営委員会、６月15日開催で、１坪１区画で１家族３区画まで、31家族83名が参加しています。当日はあいにく雨のため支所での新ジャガのカレー食事会に切り替え、６月末までに収穫してもらう約束で「大盛況のうちに終了」と事例集に報告されています。参加費は１坪800円、予算は５万円でした。

2020年度は１活動にとどまらない取り組みの実施とともに、本所での取り組みとして、「住宅ローン利用者向け管内農家をめぐるバスツアー」、「対話キャンペーン」「夢未市　准組合員モニター制度」を企画しています。

このように准組合員対策に熱心に取り組むことについて、農協「改革」は、正組合員への取り組みを疎かにするものと非難していますが、実態はどうでしょうか。客観的な数字で見ると、JAあつぎの正組合員一人当たりの営農指導事業の赤字額（他事業からの補填額）は10万円、全国平均の2.6万円をはるかに上回り、北海道水準に接近しています（補填額の一部は准組利用を含む信用事業等の収益です）。またJAあつぎは、市とともに都市農業振興センターを立ち上げ、事務所をJA内に置き、特に市外からの新規就農者の受け入れに熱心に取り組み、2011年以降の年平均で８名を受け入れています。

生産組合の活性化に向けて

前述のように准組合員の４割は生産組合に参加しているのがJAあつぎの特徴です。しかし御多分に漏れず、その生産組合が、高齢化のなかで組合長の成り手がいない、そもそも組合の存続が難しいという問題に悩んでいます。

そこでJAあつぎは、2014年に組織戦略プロジェクトを立ち上げて対策を模索し始めました。まず177の生産組合の長にアンケートをとりました。組合長の職業は農業29%、サラリーマン28%、自営・不動産貸付20%、退職者21%で、40～50歳代も２割以上を占めます。行事の実施率は総会62%、定期的会合40%、忘年会・新年会・旅行・農作業各20%台です。実施している場合の出席率は忘年会・新年会が７割以上、農作業は５割強です。また前述のように広報配布と資材の回覧・注文・とりまとめは９割以上が実施しています。

プロジェクトは、本来の生産組合（農業者向け）と地域的組織へ再編し、助成金制度を設けることを提案しています。当面は「生産組合」の名称は変えず、生産組合向けのリーフレット、職員向けの学習誌の２種類を作成・配布し、「みんなで見つけよう生産組合の新しい価値」を訴えています。生産組合活動に准組合員の存在をどう位置付けるかも今後の課題でしょう。

おわりに

農協系統は「食と農を基軸に地域に根ざした協同組合」の未来像を掲げています。そのためには准組合員は重要な環をなします。残念ながら正組合員は減少傾向をたどっており、准組合員が増えないことには農協の組織も事業もじり貧です。高齢化による正組合員の脱退は出資金の減少を招き、他方で貯金額は増える傾向ですので、各農協とも自己資本比率をじりじりと下げています。あらゆる面からみて准組合員は「パートナー」であり「応援団」であり、いや応援団から飛び出してともに二人三脚の競歩に加わってもらう必要があります。

しかしながら、そのために法改正して准組合員に議決権、選挙権を与える制度対応は、先の准組合員の状況や農協間の温度差からすれば時期尚早で、器をつくるだけに終わりかねません。今は器に入れる液の芳醇度を高める時です。とくに東・西日本、純農村部と都市部の温度差を解消し、ともに准組合利用規制を最終的に跳ね返す時です。

第5章

集落営農の東西比較
—山口県と山形県—

第1節　生産組織から集落営農へ

生産組織から集落営農へ

農業基本法以来の農政は、個別経営の規模拡大と協業を構造政策の二本柱としてきた。所有権移転を通じる自立経営の育成が思わしくなくなるなかで、1960年代後半あたりから、賃貸借とともに協業にも力点を置き、66、67年から「生産組織」が官庁用語としても用いられるようになり（67年度農業白書「農業生産組織および協業経営」、68年「構造政策の基本方針」…「協業等集団的生産組織の育成」)、農林統計でも1968～85年に「生産組織調査」が行われた。

生産組織の統計上の定義は「複数の農家が農業の生産過程における一部もしくは全部についての共同化又は統一化に関する協定の下に結合している生産集団及び農業経営や農作業等を組織的に受託する組織」であり、集団栽培、共同利用、作業受託が含まれる。

生産組織は、当初はコメ単収増を狙う集団栽培が追求されたが、米過剰に入るなかで作業受託が中心になっていった。70年代は稲刈り委託面積の急増期でもあった。背景として、総兼業化時代をむかえ、稲作経営の自己完結性が広範に崩れだすとともに、女性や農家後継ぎの農外流出による家族協業の崩壊が指摘されるようになった。

政策的には、米生産調整政策を通じて集団転作・団地転作のための転作組織化が進められた。農業構造改善事業による圃場整備に伴う大型機械の補助事業での導入にあたって、県農政は機械を共同所有・利用することを条件とし、「機械利用組合」等の組織化が進んだ。

作業受託や組織化の中心になる農家は、周辺委託農家との関係や組織内の位置づけを通じて「中核農家」「中核的担い手」と呼ばれるようになった（「周辺」に対する「中核」）。

ところが、1990年前後から協業組織は「集落営農」と呼ばれるようになった（1989年農業白書「集落等を単位とした生産の組織化を図り、…集落営農的な事例」）[1]。2005年に『集落営農実態調査』が開始されるが、データは2000年までさかのぼっている。そこでの「集落営農」の定義は、先の生産組織の定義の「複数の農家」を「集落を単位として」に入れ替えたものである。

新基本法を用意した1992年新政策では、「集落農場組織」等に注目していたが、協業体を「個人の集合体」として捉え、法人化を予定した「組織経営体」として把握する意向が強かった。1999年の新基本法は、「農業生産組織」の見出しの下に「集落を基礎とした組織」に言及した。

以上から、農政の展開と関連付けて協業展開をシェーマ化すれば、〈基本法農政・自立経営→総合農政・生産組織→新基本法農政・集落営農〉である。「集落営農」は、1990年代に使われだしたという意味では、「平成農政」用語と言えるかもしれない。

生産組織と集落営農の相違は次の点にある。

第一に、「集落」という場の設定である。生産組織も集落基盤が少なからずあったが、個の集合体としての「組織」の面が強く、「生産」がメインテーマだった。それに対して「集落」は「ぐるみ」を旨とする「生活」の場である。水田耕作は水利施設等の地域での共同利用に支えられているから、地域ぐるみ、集落ぐるみの集団対応が必要になる。かくして集落ぐるみで、集落の（稲作）農業、地域資源、そして定住条件を守ることがメインテーマになる。

第二に、展開の地域的拡がりである。生産組織は兼業化なり複合経営化に

（1）拙著『地域農業の持続システム』農文協、2016年、第1章。

向けて稲作を共同処理するための組織化として、平場水田農業地帯が主舞台なったが、集落営農は「生活」と地域資源管理に関わるが故に、中山間地域においても追求された。

第三は、協業の深化である。生産組織は機械作業受委託を主要局面としたが、集落営農は水や畦畔管理作業に及び、使用収益権に係る賃貸借を主要局面とする。

以上の展開の背景として、第一に、80年代前半に三大都市圏への人口集中が強まり、その後のバブル経済期にかけて県民所得格差が拡大し、地方の過疎化が顕著になった。第二に、それまでは機械作業は委託しても水管理・畦草刈りは自家でこなしていた農家が、いよいよ高齢化してそれがかなわなくなり、耕作放棄が増えだした。このような動きは世帯構成がより単純で世帯員数も少なく、高齢化がいち早く進んだ西日本、なかんずく中山間地域の多い中国地域で最も顕著だった。

集落営農は、地域からの自生的な展開を主として県農政が支援してきたものだが、2006～07年の国の品目横断的政策（経営所得安定対策）は、一定条件（20ha以上、販売・経理の一元化）をクリアした集落営農も交付対象に加え、その５年後法人化を義務付けた。

集落営農の法人化

集落営農は2010年代にピークをむかえるが、同時期にその法人化が進み、今日では集落営農の35.5％が法人となっている。協業組織が前述の時代の要請に応えるには、賃借権を獲得する必要があり、その意味では法人化は必須だった。

集落営農の集積面積は2019年では47万ha（水田面積の20％弱）に及んでいる。各地域の水田面積に対する集落営農集積面積の割合をみると、関東・東山や四国の10％、九州の24％といった違いはあるものの、その他の地域では概ね20％を占める。

2020年基本計画は「集落営農については農業者の高齢化等により今後更に

脆弱化することが懸念され」るので、「法人化に向けた取組の加速化や地域外からの人材確保、地域外の経営体との連携や統合・再編、異業種との連携等に向けた方策」を検討すべきとしている。

確かに解散に追い込まれる集落営農もみられ(2)、前述のように農地の権利設定を受けられる組織、安定的に雇用者を受け入れられる組織として法人化は必要だが、ならば集落営農は法人経営（組織経営体）一般に解消されていくのだろうか。今やそのことが問われる段階にきている。

集落営農の地域性

筆者は、これまで集落営農の事例調査結果を報告してきた(3)。それらはあくまで個別の事例報告にとどまり、なんらかの普遍化を図るものではなかった。というよりは普遍化は困難だった。一つ一つの集落に個性があり、また置かれた条件は様々だからである。

しかし、歴史的にも集落（「いえ」）と「むら」の関係には強い地域性がある。一口で言えば、「いえ」よりも「むら」が強い（「いえ」の平等性）西日本と、「むら」よりも「いえ」が強い（本分家関係が強い）東日本の相違である(4)。従って、「いえ」を「むら」単位に組織化した集落営農にもそのような地域差が反映する可能性があり、それに即した課題対応が求められる。そのために山口県と山形県を事例として、西日本と東日本の比較を試みるために、主として2019～2020年にかけてそれぞれ14～15事例を調査した。

（2）多くは法人化を迫られるなかで、そのための条件が熟さずに解散する任意組織が主と思われる。2013年からの７年平均で、純解散は318に対して、新規（法人）は410である。集落営農法人の解散として広島県福山市の事例（45名、8.3ha）が報告されている（日農、2019年10月４日）。

（3）主なものとして、編著『日本農業の主体形成』（2004年、広島県）、『農政「改革」の構図』（2003年、新潟県）、『「戦後農政の総決算」の構図』（2005年、静岡県）『集落営農と農業生産法人』（2006年、全国）、『混迷する農政、協同する地域』（以上は筑波書房、2009年、長野県）、『地域農業の担い手群像』（農文協、2011年、全国）『地域農業の持続システム』（同、2016年、全国）。

（4）網野善彦『東と西の語る日本の歴史』そしえて、1982年（後に講談社学術文庫）。

報告にあたっては、山口県については集落営農の規模差はあるが性格的には似ているので、個々の事例報告は省いた。山形県では多様な性格の集落営農が展開しているので、類型別に事例報告したうえで県としての特徴をとらえた。個別の事例については元となった報告書に当たられたい(5)。

第２節　山口県の集落営農

１．県の集落営農法人育成政策

山口県は、このところ中国地域における農地中間管理機構事業の実績のトップに立っており、2017年度末の新規集積面積は1,213haに達し、ストックも4,835haに達する（2018年９月末）。農地中間機構の貸付先は、面積では法人が圧倒的である。県農政の集積集約施策は集落営農法人の育成施策と同義と言っても過言ではない。

県農政は、農家の経営規模が小さく、効率的な経営や後継者の確保が困難だとして、昭和50年代から集落営農組織の育成に取り組んできた。県の農業就業人口の高齢化（65歳以上の割合）は、1995年に５割を超え、2015年には76.9％になり、その平均年齢は70.3歳と全国第２位である（１位は島根県）。

県は、2007年の品目横断的経営安定対策や農業経営基盤強化準備金制度の発足をにらみ、集落営農の法人化を促進し、2009年には法人連携協議会を立ち上げている。2012年には「元気創出やまぐち！ 未来開拓チャレンジプラン」に基づく「やまぐち農林水産業活力創出行動計画」を策定し、「新たな人材や中核経営体の確保・育成」を掲げた。

県は、「『集落の農地は集落で守る』という理念のもと、１～数集落を範囲として、関係農家の多くが参加（集落ぐるみ）する法人経営体の育成を推進」するとしている。**「ぐるみ」と「守る」**が施策および集落営農の理念と

（５）拙稿「集落営農法人と連合体の展開―山口県」『土地と農業』No49（2019年）、同「山形県における集落営農農業の展開」（同No50、2020年、タイトルは「集落営農農業」ではなく「集落営農法人」の誤り）。

いえる。

同県の集落営農法人数は、2005年から5年ごとに16→116→235→265と増加している[6]。他方で、2017年度末の法人集積面積は6,905haで、県耕地面積の14.4%である。また担い手集積率は28.3%と低く、担い手利用面積に対する機構の転貸率も33.2%にとどまる。

県は、①法人の数は順調に増えたものの、2017年度末で、その面積は10ha未満が16%、20ha未満が36%で計52%、20〜30haが21%、30ha以上は27%と規模が小さい（平均面積26.3ha）。②法人の収益（10a当たり売上高+所得補償額）は、2010年に80千円だったのが2014年には59千円、15年には59千円と米価下落とコメ所得補償の減額で3/4に下がっている。③法人オペレーターは60歳代47%、70歳代23%、80歳代2%と高齢化が著しく進んでいる等の問題に直面しているとし、新たな人材確保と集落営農法人連合体の育成を現在の主要施策にしている。

前者については、2015年に「担い手支援日本一対策」をたて、就農相談数の減少、希望者の8割が非農家で地域内に基盤がない、過半を占める法人就業者の定着率が低い等の問題を踏まえ、国の「農の雇用事業」による2年間の給付金に接続して、3年目90万円、4年目60万円、5年目30万円の定着支援給付金を始め、さらに住宅確保支援や実践に直結する技術指導体制を整え、とくに県立農業大学校（以下「農大」）の機能の充実（法人就業コースの設置等）を図っている。調査においても農大は法人雇用者の有力な供給源になっている。

2．山口県の集落営農法人の概要

表5-1に調査事例の一覧を掲げた（以下では法人名はA、B…で示す）。また**表5-2**は後述する「アグリ南すおう」の参加法人であるが、柳井市10法人のうちの9、光市5のうちの3、田布施町6のうち5が参加している（3市

(6) 農水省の集落営農実態調（2018年2月）によれば、山口県の集落営農数は338、うち法人が68.9%（全国33.8%、中国41.6%）を占める。

町合計の８割）。

山口県の集落営農は西高東低といわれる。集落営農が多いのは、山口、美祢、下関、長門、萩の各市および阿武町といった山口市以西の集中している。この地域は瀬戸内工業地帯とその後背部に属し、圃場整備率も他地域の倍高い。そこで県内を西部グループと東部グループに分けて見ていきたい。また**表5-2**の法人を「南すおうグループ」とし、東部グループの代表例として参照する。

法人化への道

現在の法人は、ほとんどが短くない歴史をもっている。一つは圃場整備に伴う機械導入等の受け皿組織としてつくられた任意の「機械利用組合」「営農組合」である。時期的には1970年代と1990年代が多い。任意組織が少数のオペレーターを決めて機械作業を受託していたケースが多い。次いで2000年代に入っての品目横断的政策の受け皿となるために組織された特定農業団体がある。これが５年後に法人化を義務付けられたことで、法人化につながっていく。

特殊な例としてはDがある。旧福江村が農地保有合理化事業の農地中間保有組織として設立した福江村農業公社を前身とするものである。

法人化の時期は、県全体については前述のように2005年の16法人に始まり、2018年の265法人までほぼ順調に伸びてきた（とくに2012～16年の増加率が高い。特定農業団体等の５年後法人化の時期にあたる）。西部グループは全て21世紀に入っての法人化である。2007、2008年頃にやや集中している。**表5-2**の南すおうグループも１事例を除き21世紀に入っての法人化である。ここでも2006、2007年にやや集中している。

法人化にあたっては、全て農事組合法人形態をとっている。「集落の農地は集落で守る」ためという建前からして組合法人形態がふさわしいことになる（唯一の例外がDで、農事組合法人ふくえ（農業経営）と株式会社ふくえ（作業受託）が一体化した）。

表 5-1　山口県・調査集落営農法人の概要

	所在市	萩市					
	法人記号	A	B	C	D	E	F
前身組織	成立年代	前身なし	2007		—	1973	1977
	契機		特団（5 戸）	営農組合	農業公社	営農組合	機械組合
				特団	中間保有	圃場整備	圃場整備
法人化	年次	2014	2012	2007	2007	2007	2008
	理由・契機		5 年後法人化	品目横断	公社移行	5 年後法人化	前身の組合長死亡
組織範囲	旧市町村	田万川町	田万川町	むつみ村	福栄村	福栄村	三隅町
	関係集落数	2	4	3→4	広域	7	6
代表者	年齢階層	70 代前半	70 代前半	60 代前半	40 代前半	70 代前半	60 代後半
	前職	会社員	会社員	農業者	公社職員		JA 職員
構成員	戸数（員数）	12（31）	12（33）	32		87（193）	98（98）
	参加率（%）	ほぼ参加	58	65		ほぼ参加	50
経営土地	面積（ha）	24.6	23.6	70	23.5	72	18
	うち利用権（%）	24.6	23.6	70	23.5	72	18
	うち中間管理事業（%）		23.6	70	—	72	18
	平均区画	30a 未満	30a	20a		30a	20a
賃借条件	平均的な小作料（円／反）	5,000	3,000	7,000	4,000	4,000	3,000
主食用米	作付面積（ha）	4.1	16	46	15.9	56.2	4.5
	作付比率（%）	20	68	66	68	78	25
	販売先		JA	SM、JA	JA	JA	老人ホーム
転作（ha）	1 位	酒米 7.2	飼料米 5.7	大豆 6.5	酒米 2.0	飼料米 11.2	飼料米 10.4
	2 位	飼料米 7.3	大豆 2.0	飼料米 4.2	大豆 1.8	酒米 3.4	大豆
	3 位	大豆 1.2		酒米 3.5	メロン	キャベツ	キャベツ
水稲作付け比率（%）		あ	92	77	76	98	81
従事者（人）	オペレーター	12	4	6	5	33	5
	その他作業	12	12		5		
	水管理	地権者	割当制	7 人	5 人	地権者	地権者
	畦畔管理	地権者		全員		地権者	地権者
	現雇用者年齢	21 歳	20 歳（女性）	60 歳	56,51,35,25 歳	29 歳	なし
	雇用予定者数	1 人					
法人連合への参加		萩アグリ	萩アグリ	みがき組合	—	みがき組合	三隅農場
規模拡大目標		30ha	現状維持		現状維持	不明	30ha

注：A～L は 2018 年 11 月、M、N は 2009 年、O は 2012 年調査。

長門市			美祢市		山口市		萩市	
G	H	I	J	K	L	M	N	O
1994 営農組合 圃場整備	何十年前 機械組合	1976 営農組合	2007 品目横断 転作対応	2007 品目横断	前身なし	1992 圃場整備	1995 圃場整備	1990 団地転作
2002 ?	2017 高齢化	2007 奨励金の法人シフト	2011 5 年後対応で奨励金確保	2007 品目横断	2008 圃場整備	2002 賃借	2001 経理一元化	2010 耕作放棄・貸付地の発生
油谷町 6	長門市 1	日置町 1	秋芳町 1	西厚保町 広域	秋穂町 3	秋穂町	むつみ村 1	須佐村 1
60 代後半 消防署	60 代前半 消防署	80 代前半 JA 職員	70 代前半 公務員	40 代前半 建設業兼業	60 代後半 会社員	60 代後半 教員	60 代後半 村会議長	60 代後半 JA
39（39） ほぼ参加	42 93	21（22） 88	27 ほぼ参加	4	146 77	102 92	13（26） ほぼ参加	18（34） ほぼ参加
44 44 44 30a	16 15.6 156	19 19 7.9 30a	35 — 10a	70 ? — 10a	135 135 135 50～100a	76 72 100a	22 35 20a	26 26 26
5,000	5,000	7,000	4,000	本年から 0	10,000	27,000	20,000	0（3000）
25 57 JA	2.8 18 JA	4.8 25 JA	— — JA	40 57 JA・直販	9 7 JA	34 33 JA	18 82 JA→直接	8 31 JA
大豆・小麦 飼料米 4.0 牧草	飼料米 12.0	飼料作 10.0 大豆 9.0 飼料米 1.0	大豆 8.6 裸麦 7.6 飼料米 6.0	麦 20 WCS 野菜 5	麦 66 酒米 60 飼料米 11	麦 37 野菜 3	大豆 3.8 トマト 0.3	牧草 6.3 飼料米 1.8 野菜 1.1
66	93	31	17	64	59	33	82	38
5 10 理事 8 人 シルバー なし	8 地権者 地権者 なし	7 7 法人 法人 57 歳、36 歳	2 2 人 13	6 6 バイト 法人 25,39,49,67 歳 1 人	17 5 人 地権者 22 歳	6 地権者 地権者 21 歳	4～5 6 人 10 人 31 歳	1 担当制 地権者
長門西	—	—	—	—	—	—	—	みがき組合
現状維持	現状維持	3 法人合併		縮小	現状維持			萩アグリ

表5-2　アグリ南すおう（株）の構成法人の概要

法人番号		1	2	3	4	5	6	7
活動市町村		柳井市	柳井市	柳井市	柳井市	柳井市	柳井市	柳井市
法人設立年次		H18	H16	H13	H19	H19	H18	H18
出資金（万円）		13	348	200	125	55	302	130
代表者の年代		60代後半	60代後半	70歳以上	70歳以上	60代後半	70歳以上	70歳以上
構成農家数		13	25	6	39	28	86	13
経営面積（ha）		5.3	60.0	34.7	4.3	13.8	38.1	7.7
利用権設定面積（ha）		5.9	34.8	30.7	3.5	12.0	30.9	6.9
うち中間事業利用面積（ha）								
米作付面積（ha）	主食用米	5.0	19.0	19.0	0.8	7.3	19.5	6.3
	飼料米		3.9	9.6		1.1	6.2	
	その他米					0.1		
主な転作作目名	作付面積1位	野菜	小麦	飼料用米	大豆	小麦	大豆	大豆
	作付面積2位	-	大豆	大豆	小麦	大豆	小麦	小麦
加工等の6次産業化の取り組み		なし	なし	なし	なし	有	なし	なし
その内容						梅干し		
オペレーター人数		2	4	6	2	3	6	3
補助作業出役人数		4	9	0	4	2	4	2
水・畦畔管理担当（法人・地権者別）		法人が大半	法人が大半	地権者が大半	半々程度	法人が大半	半々程度	法人が大半
過去1年間の雇用者数（人）		0	3	0	0	0	0	0
近々新たに雇用する予定人数（人）		1	0	0	0	0	0	0
今後の人材の有無								
役員候補者		0	0	0	0	0	0	0
オペレーター候補者		1	0	0	0	0	0	0

注：同社の提供資料による。

集落数・構成員・面積規模

①構成集落数

集落営農法人を構成する集落数は、萩市が作成した法人資料（33法人）では、1集落が15（45%）、2～3集落が各4、4集落が3、5集落以上が5、不明2で、最多は14集落になっている。それに対して、我々の調査では西部グループでは1集落は5件、1/3にとどまり、他は複数集落で、4集落以上が1集落と同数みられる。

両者あわせて1集落営農は3～5割といったところであり、集落営農といっても複数集落営農が多い(7)。といっても大字（藩政村）(8)・旧町村の規模まで拡がるケースはない。「**集落以上大字未満**」が大勢といえよう。

8	9	10	11	12	13	14	15	16	17
柳井市	柳井市	光市	光市	光市	田布施町	田布施町	田布施町	田布施町	田布施町
H 10	H 27	H 14	H 22	H 23	H 10	H 19	H 26	H 26	H 27
300	356	347	312	468	367	87	143	130	302
60 代後半	70 歳以上	70 歳以上	70 歳以上	60 代後半	70 歳以上	70 歳以上	60 代後半	60 代後半	60 代後半
4	130	120	58	126	42	23	27	34	28
20.2 21.9	17.4 27.0 27.0	40.8 30.0	26.5 20.8	56.2 40.6	28.6 28.6	6.7 6.8	14.7 12.0	13.0 10.1	9.9 12.9
12.9 4.4	1.5 3.4 4.1	16.3 2.0	14.0 0.0	11.7 11.3	19.9 2.7	4.3 2.5	2.9	5.8	6.2 3.5
大豆 小麦	小麦 酒米	大豆 小麦	大豆 アスパラガス	小麦 大豆	小麦 大豆	飼料用米 -	大豆 小麦	大豆 小麦	飼料用米 -
なし	有	なし	なし	なし	有	なし	なし	なし	なし
	苺ジャム				農家レストラン				
2 1	3 6	3 4	6 15	3 3	5 8	4 1	2 3	4 0	6 0
法人が大半 0 0	地権者が大半 0 0	半々程度 3 0	半々程度 0 0	半々程度 2 0	半々程度 1 0	半々程度 0 0	法人が大半 0 0	法人が大半 0 1	半々程度 0 0
0 0	0 0	0 0	0 0	0 0	0 0	0 0	0 0	0 1	0 0

②構成員

構成戸数は、萩市資料では９戸以下６、10～19戸14、20～29戸５、30戸以上７で、10戸台が最多である。西部グループは10戸台３、20戸台１、30戸以上人６で、市全体より多数メンバーに傾いている。戸数の単純平均で50戸である（D、K法人を除く）(9)。

注目されるのは、萩市の法人には構成戸数と構成員数が異なるものが多い

（７）集落営農実態調査（全国、法人）では１集落が67.7％と2/3を占める。我々の調査、萩市資料、全国で傾向が異なるが、集落のカウントの仕方の違いなのか、実態の反映なのかは不明である。少なくとも、山口県については１集落の規模が小さいことが複数集落を多くしている。

（８）萩市では住所表示が「萩市大字○○」となっており、大字が今日に活きている。

（９）全国の構成農家数は、９戸以下、10戸台、20戸台、30・40戸台、50戸以上に分散的で、平均は41戸である。

点である。それは構成員を世帯主、妻、長男（跡継ぎ）、その妻等まで拡げているためである。

例えばE法人の場合、構成員は87戸、193人でほぼ１戸２人強が参加している。総務、営農、園芸部と並んで女性部をもち、役割としては、女性の経営参画、地域おこしの企画・実践、農業に関するイベントの企画・運営があげられており、女性部長が法人理事になっている。白菜30a、キャベツ50aも栽培しており、女性メンバーはその作業に関わる。出資金は世帯主10,000円、妻3,000円である。

地区内農家の集落営農参加の度合いは、ほぼ９割以上の参加が８法人、６～７割の参加が２法人、５割台が２法人である(10)。全戸参加的・「ぐるみ的」なものが主流である。

東部グループでは、20戸未満４、20戸台５、30戸以上５で、単純平均して47戸になり、西部グループと同様にかなり構成員規模は大きい。概して大きい法人ほど面積も大きいが、９番法人のように100戸を超えながら面積は17haと小さいものもある。

③面積規模

構成員（戸数）規模とクロスさせながら経営面積規模をみたのが**表5-3**である。西部グループでは20～30ha規模が６、50ha以上が５あり、平均して45haである。東部グループは20ha未満に９法人が集中し、平均でも23haであり、西部グループの半分の規模である(11)。

構成員規模と関連させてみると、西部グループでは構成員10戸台・経営面積20～30haと、構成員30戸以上・面積50ha以上の２つのグループに各４法人が集中している。調査法人の単純平均の面積はかなり大きかったが、内部には小さな法人と大きな法人の２グループがあるといえる。東部グループでは前述のように20ha未満の法人が多く、それが各構成員規模に分散している。

---

(10) D、K法人は雇用型・広域型であり、G法人は役員やオペレーターが中心に参加したということで正確なところは不明。

(11) 全国の平均面積は17.5haで、それに比すれば面積規模は大きい。

表 5-3　調査法人の戸数・経営耕地規模別にみた戸数

（　）外は西部、（　）内は東部

	10 人未満	10～20	20～30	30 戸以上	その他	計
20ha 未満	-　(-)	1　(2)	1　(4)	-　(3)	-　(-)	2　(9)
20～30	-　(1)	4　(-)	-　(-)	1　(2)	1　(-)	6　(3)
30～50	-　(1)	-　(-)	1　(-)	1　(2)	-　(-)	2　(3)
50ha 以上	-　(-)	-　(-)	-　(1)	4　(1)	1　(-)	5　(2)
計	-　(2)	5　(2)	2　(5)	6　(8)	2　(-)	15　(17)

注：表 5-1、表 5-2 による。「その他」は D、K 法人。

農業従事者

①代表者

代表者の年齢は、西部グループでは60歳代後半が６人、70歳代前半が４人で、60歳代後半以上が2/3にのぼる。ここには09年、12年調査も含まれており、それらは当時で60歳代後半なので、もし彼らが役を続けているとすれば、年齢はさらに高くなる。

東部グループについては60歳代後半が８人、70歳代前半が９人で、やや年齢が高くなる。

前職については西部グループしか調べていないが、JAのOBが４人、公務員が３人、会社員が２人、その他は議員、教員、自営である。農外のOBも兼業農家であることは言うまでもない。要する**JAや公務員的な職がほとんど**を占め、元からの農業者は１人のみである。対行政事務の多い集落営農法人のトップは、そのようなキャリアがないとなかなか務まらず、地元にそういう者がいるか否かが集落営農法人の成否を左右するとも言える。

役員報酬はゼロか年10万円以内であり、**無報酬のボランティア**的ポジションである。前職からしても地域ではトップ水準の年金受給者ということになろうか。

②オペレーター

西部グループでは10人以上のオペレーターをかかえている法人が３つある。A法人は12戸の全員がオペレーターを務めることになっており、E法人はオペレーターは33人としているが、実際に機械を動かすのは15人、残りの18人はその補助作業ということである。L法人は理事９人とその他７人、雇用者１人からなるが、全員がいつでも出られるわけではなく、出役可能な日をチェックしており、６月にオペレーターに出られるのは10人強である。オペレーターとして登録されていても、高齢化等でフル稼働とはいえないようである。その他の法人は５～６人が多い。**オペのあたま数は確保しておく構え**である。

東部グループについては、２～６人の範囲で、平均して3.8人である。

③管理作業

水管理や畦畔草刈りを誰が担当するのかは集落営農（法人）の一つのポイントである。

西部グループでは、a.水管理・畦畔管理の両方を地権者が行うのが５法人、b.自分の所有地ではなく担当区を決めて全戸で行うのが１法人、c.水管理は担当を決めるが畦畔管理は地権者が行うのが３法人である。とくにキー作業になる畦畔管理（草刈り）を地権者が行うのが９法人である。

残りの８法人は、管理作業を地権者に再委託せず、法人側が担当者を決めて行う、法人の雇用者が行う、シルバー人材センターに頼むなどして法人側が行う（そのなかには雇用者依存のD、K法人が含まれる）。またある法人は昨年まで畦畔管理をシルバー人材センターに依頼していたが、今年は雇用者を採用して法人で行うことにした。

法人に利用権を設定しても、**水・畦畔管理は地権者（構成員）戻しするケースと法人側が対応するケースが半々に分かれる**と言える。

東部グループについては、法人が大半を行うのが７法人、法人・地権者がほぼ半々で担うのが８法人、地権者が大半を行うのが２法人となっている。西部グループよりも法人が担う程度がやや高いようである。

かつては、このような管理作業の地権者戻しに対する報酬として、「管理料」等の名目で小作料を上回るような相対的に高額が払われていたケースがあるが、現在では、管理の態様がさまざまであることもあり、バラバラである。

例をあげると、10a当たりの畦畔管理料は、4,000円（C法人）、2,000円（L

法人）である。水管理はさまざまだが、圃場管理料として10,000円の例がある（F法人、小作料は3,000円）。また過去の例としてはM法人の14,000円程度（畦畔10,500円、苗運人70円、水手当て2,000円、除草450円）がある。

総じて、管理作業の地権者戻しは以前よりは減り、それに対応して報酬額も下がっており、**集落営農法人の集落（地権者）からの分立**が進んでいるといえる。

④雇用者

経営面積の割には意外に雇用者を採用している法人が多い。西部グループは2/3に及ぶ。東部グループでも1/4ある。後者では概して規模の大きな法人だが、前者では、10ha、20ha台の法人でも雇用を入れている。**小さな法人ほど高齢化や労働力不足に悩んでいる**ともいえるが、賃金支払い等に経営収支が耐えうるのかが問われる（後述）。

西部グループ17名の雇用者の年齢分布は、20歳代７人、30歳代４人、40歳代１人、50歳代以上５人で、**20歳代、30歳代が2/3**を占める。

以下、雇用者の状況をみていく。

A法人（21歳）…農大卒を採用、県内他市の出身者で、萩市の空き家バンクを利用して住居確保、家賃は市と法人で負担、基本給は18万円（手取り15万円）。消防団にも加入。法人としては10haに１人の労働力は必要として、さらに農大に申し込んでいる。

B法人（20歳）…農大卒の女性を採用、市の就農フェアで応募してきた県内他市出身、住居は地元の借家。

C法人（60歳）…以前に雇用していた40代後半の男性が事故・ケガで退職し、市の定年退職者（非農家）を雇用、給与は20万円。一人前になるには３年かかるが、今後は定年非農家の者を雇用するのがいいかなと思っている。「60歳でも使ってくれる」ことが評判になり、来年には60代を２人雇うことにしている。農大にも募集をかけているが、水稲より野菜等に人気があるようだ。

E法人（29歳）…構成員からの雇用、農業就業を希望していた元自動車整備工、国・市の助成をうけるために法人の構成員からは脱退。基本給15万円＋手当５万円、ボーナスもある。

Ｉ法人（36歳、57歳）…36歳は市外の出身で、農大の研修を受けるつもりだったのを市が斡旋してくれた。基本給15万円と手当２万円、ボーナス10万円。57歳は、組合長が高齢化しケガをしたため、市職員だった長男を早期退職させて雇用したもの。基本給20万円。

L法人（22歳）…農大卒を採用、給与は農協等に合わせて17.6万円（手取り14万円）。

前述の国・市の助成や県の農業大学校の法人就業コースの開設等が有効に機能し、**農大卒業者が大きな供給源**となっているといえる。雇われた者としても農大卒の同窓会的なものがあれば、定着にも貢献しうるといえる。

農地利用

①小作料水準

水張面積当たり、水利費は地主もちの賃貸借の小作料平均水準は、**表5-1**では、L法人が10,000円と高いが、それを除けば7,000円２件、5,000円３件、4,000円3件、3,000円2件で、3,000〜7,000円の範囲、**平均して5,000円**である[(12)]。

使用貸借もみられる。C法人は６〜７戸、D法人も50a程度ある。K法人は３年前まで30kg/10a、その後は10kgだったが、今年はゼロにしている（現物支払い）。O法人も小作料はゼロだが、農地管理料の名目で3,000円を支払っている。

2009年調査のN法人は員内20,000円、員外15,000円と高額だが、その後、米直接支払が7,500円に減額されたり、米価下落等で、今日の水準に下がっている。E法人は中間管理事業に付け替える前は8,000円だったが、その後は半減している。G法人の場合、営農組合時代は15,000〜16,000円、法人化し

(12) A法人は不在地主を半額にしている。C法人は、小作料を3,000円から9,000円まで６段階に設定している。M法人は従事分量配当を定額にしているので、小作料が変動する。

てから10,000円、米直接支払の半減で5,000円に下げている。

総じて**大幅な引き下げ傾向**にある。とくに中間管理事業は10年間になるので、高止まりを警戒されている。

②集積状況

これは法人により様々なので、個別にみていく。

A法人…16.7haでスタートし、現在は24.7haに達しており、うち地区外からは3.6ha、地域内は20.7haでほぼ固めている。

B法人…地域内の総面積30haのうち23.6haを集積、自作もしている者の面積が７haほどある。法人集積のうち３割は構成員外（地区外居住）である。

C法人…2009年調査時は県公社を通じて53.5haを集積（域内に有限会社形態の法人10haがあり、それを除いて３集落のほとんどを集積)、現在は70haに拡大している。うちメンバーの農地は42haで、構成員外から28haを集積している。構成員外の地権者は72人、うち新潟・岐阜・広島等の不在地主が７人いる。17haの拡大分については、役員全員で現地を見て借入の可否を決めている。既耕作地の隣接地が多い。農業委員を通じないで機構に直に連絡している。

E法人…組合員87戸のうち18戸は地区外居住だが、地区外の農地はない。相続未登記で利用権設定できない農地が３筆あるが、法人の農地として耕作し小作料を払っている。

F法人…地区の面積は65ha、半分くらいの農家（100戸）が参加したが、利用権の設定は18haと少ない。構成員以外の農地は受けないことにしている。

G法人…構成員は全て法人に預けている。地区内に20ha弱を耕作する者が２戸（経営主は60歳代後半、後継者不明）おり、それを除いてほぼ集積。機構を通じないものは借りないことにしている。

H法人…地区内の３～４haは個人が飯米用に耕作し、また４～５haは耕作放棄されている。

Ｉ法人…25戸30haの地区面積のうち22戸で19haを集積。不参加の３戸は市の退職者だが、うち１戸が60aを貸してくれる。農業者年金に伴う生前贈与地は利用権設定できないが、法人で利用している。

L法人…140haのうち135haが参加。

M法人…当初の参加面積は76ha、うち利用権は65haだった。現在は中間管理事業に72haがのっているので、7haの利用権面積増になる。

N法人…2006年に県公社経由の利用権22haに変更、現在は中間管理事業35haとなっているので拡大した。09年調査当時、集落外3戸から2haを借りており、借地が増える傾向にあった。

O法人…当初から県公社を通じて利用権設定を受けている。現在も中間管理事業面積は不変。

以上から、F法人を除き総じて**地区内をほぼ固めきっており**[13]、また不在地主からの地区内農地の借り入れもみられる。C、M、N法人など、地区外からの集積による規模拡大もみられるが、雇用者を入れた法人である。

③作付

主食用米の作付け比率[14]がゼロ（JA法人）から30％程度と低い法人が7つある。経営面積が小さい法人が多いが、L、M法人など規模が大きい法人もみられる。

水稲作付割合[15]をみると6割以上が11法人、うち8割以上が6法人みられる。政策変更に即応して、**主食用米と畑作物転作から、飼料米や酒米へのシフト（水稲内「転作」）**が強まっている。

経営収支

法人の経営収支については、全調査法人より2018年度の総会資料（2017年度の損益計算書等）をいただいているが、その全てを法人名を特定して紹介

---

(13) 集落営農実態調査による山口県の集落営農（任意を含む）の集積面積割合は50％未満の集落が45％を占める。萩市のそれは33％、長門市は59％である。我々の調査は集積度合いの高い「ぐるみ」法人組織に偏ったかもしれない。

(14) 経営面積には畑も含まれうるが、ほとんどみられないので、主食用米/経営面積で計算した。

(15) （主食用米＋飼料米＋酒米）/経営面積である。

表 5-4　法人経営の収支—2017 年度—

単位：千円

	20ha 台①	20ha 台②	40ha 台	70ha 台①	70ha 台②	140ha 台
A. 売上高	16,746	21,652	32,152	58,702	60,411	88,245
B. 販売原価	11,590	14,115	27,171	33,866	50,245	130,560
労務費	—	—	—	—	2,961	7,122
地代	1,135	540	2,367	5,410	2,881	12,455
C. 営業利益	3,542	6,066	7,480	16,136	6,839	△53,810
D. 営業外利益	11,871	10,689	26,752	27,806	25,602	123,324
E. 当期剰余金	6,826	13,306	28,557	32,250	32,468	43,012
F. 準備金	—	2,970	18,000	3,000	8,500	28,000
G. 従事分量配当	6,798	10,321	10,356	27,330	23,697	23,073
H=E-F-G	28	15	201	1,920	271	△8,061
I-D/（A+D）（%）	42	33	45	29	30	58
J=所得/D（%）	57	82	48	118	115	35
次期新規雇用者数	1	1	—	1	既雇用 1	既雇用 3
オペレーター時給（円）	800	1,000	1,500	1,420	1,200	1,000

注：１）各法人の 2017 年度損益計算書等による。140ha の事例は 2016 年度。
２）労務費は売上原価に計上された、給与等と福利厚生費である。
３）40ha 台は若干の出資配当をしているが、G に含めた。また価格補てん収入は D に含めた。
４）所得=労務費+地代+G

することは避け、面積規模別にピックアップした事例を**表5-4**に示した。

従事分量配当で収益を配分する農事組合法人が全てなので、後述するD法人を除き、集落営農法人としての赤字はない。

のみならず、これまで集落営農は営業利益の赤字を営業外利益で補てんすることで経営を成り立たせている例が多かったが、**表5-4**では140ha法人を除き、営業利益を黒字にしている点が評価される。同法人は敢えて低販売収入の転作（水田への主食用米以外の作付けを便宜的に「転作」と呼ぶ）を選択しており、転作に伴う交付金を収益源として狙っている。

以下、主に直接支払[16]の比重（指標Ｉ）と雇用確保力（指標H）をみていく。

(16)営業外利益≒直接支払とする。営業外利益には共済受取金や利息等も含まれるが、ほとんどは交付金・補助金・助成金等の名での直接支払である。

法人は、規模の如何にかかわらず、主食用米主体の20ha台②、70ha台①と、転作主体の20ha台①、40ha台、140haに分かれる。前者は相対的に売上高が大きく、営業外利益が少なく、指標Ｉ（所得／直接支払）も30％程度である。後者は逆で、指標Ｉも40％を超す。

指標Ｉは、直接支払が法人コストのどの部分を補てんしているかを示す(17)。100％では直接支払が法人の所得部分をちょうど補てんしたことになり、100％未満なら直接支払は所得部分を補てんしたうえで物財費部分の補てんにまで及んでいることを示す。主食用米が主体のグループは100％前後（直接支払≒所得）だが、転作主体グループでは、直接支払>所得で、物財費部分まで直接支払に依存している。

70ha台の２法人は、直接支払<所得で、所得部分を農産物販売からも若干は確保しているといえる。例示のなかでは70ha台が最も所得形成力が高そうである。

なお140ha法人は直接支払への依存度が極めて高いが、その内訳は作目別には麦42％、加工米25％、飼料米、飼料作物、大豆が各８～10％である。交付金の種類としては、直接支払が75％、残りが産地交付金である。

次に雇用確保力（指標H）をみる。いちおう当期剰余金から準備金や配当を差し引いた額をもって雇用者１人分の年俸約300万円を確保できるか否をみたものであるが、70ha台②と140haが既に雇用賃金を支払っているほかは、70ha台①が200万円弱に達しているのみで、他は難しい。その場合も準備金に充てる部分を減らせば何とかなるが（20ha台②はトントン）、20ha台①はそれもできない。多数を占める**20ha台以下の規模の法人が雇用を確保するのは、準備金に食い込むなど無理がある**と言える。

140ha法人は、既に雇用者として女性事務２人と若手男性１人を確保しており、指標Hは大赤字で法人としてもこれ以上の雇用は無理としているが、準備金を多少セーブすればクリアできる。また年度末に従事分量配当を追加

(17)「所得」は**表5-4**の注の通りで、このほかにも管理労働の地権者戻し等に対する報酬部分がありうるが、特定は難しい。

払いしている（オペレーター1,000円→1,300円、普通作業800円→1,000円）。

以上は米直接支払7,500円の最終年度における結果である。7,500円が廃止されれば、主食用米40ha作付けの場合で、雇用者１人分の賃金300万円に相当する額が消えることになる（**表5-1**ではC、E、K法人が40ha以上作付けになっている）。作目ごとの交付金の変化に従って法人の作付けも飼料米や転作畑作物にシフトすることになる。

３．山口県の集落営農の特徴

取組み体制

以上の事例紹介をふまえて考察する。

山口県の場合は、「圃場整備→機械利用組合→特定農業団体→集落営農→法人化→法人連合体（第三の担い手）」という一貫した政策展開がみられる。

県の集落営農は、1970年代あるいは90年代の圃場整備事業に伴う機械利用組合等の設立にはじまった。圃場整備率の高い県西部が集落営農法人数も多くなっている。

この歴史的土台のうえに、県行政が品目横断的政策の受け皿としての特定農業団体化を主導し、その５年後法人化要件に沿う形で法人化されていった。とくに山口県の場合は、集落規模の小さな中山間地域を多くかかえ、全国トップの高齢化率のなかで、県農政の強い危機意識の下、農林事務所が支援を担当した。

農地集積政策の展開に当たっては、各地域に配属された機構の農地集積推進員や農業委員会の農地利用最適化推進委員が人を得たケースでは、それが有効に働いている。また長門市の「一市一農場推進室」のような専任部署の設置も有効に機能している。しかし貸付地の掘り起こしまではいかず、出てきた農地をいかに担い手や機構につなぐかが主たる機能になっている。中山間高齢化地帯にあっては、「掘り起こし」などはしなくても（できるものでもなく）、出るべき農地は自ずと出てくる。その意向を敏感・適切にキャッチできる体制と、その受け皿をいかに作るかが課題であり、それが山口の場合は集落営農法人だったといえる。

今日、改めて人・農地プランが政策的に注目されているが、山口県では「人・農地プランありき」ではなく、「集落営農（法人）ありき」であり、それが立ち上がったところで、そのエリアに即してプランが策定され、補助事業の要件を満たしていくことになる。要は担い手をいかに育成するかにかかっている。

集落営農（法人）の特徴

第一に、中山間の集落規模の小ささの故か、１集落営農よりも数集落営農が多く、その面積規模が比較的小さく、その割に法人化率が極めて高く、法人の持続性確保が次の課題になっている。

第二に、ここにきて小さな集落営農も含めて若い雇用者を入れる事例が増えている。小さな集落営農ほど、高齢化が進むことの影響が深刻といえる。

第三に、小作料は急速に引き下げられ、使用貸借も２～３割に及ぶ。水・畦畔管理が地権者戻しされる割合は減りつつあるように見受けられ（J法人の水稲は枝番処理されているが例外的か）、その対価も低くなっている。「ただでもいいから借りてくれ」という場合でも、断られるケースが一定程度あり、耕作放棄につながりかねない。

第四に、いずれも組織の範域内で構成員から出てくる農地は引き受けるとしても、組織・エリア外からの貸付け要求を受ける余力を欠き、規模にかかわらず現状維持で精いっぱいである。

集落営農の集積効果は、基本的に法人ができるまでであり、あるいはエリア内の農地を借り切るまでであり、エリア外からの集積効果はあまり認められない。

第五に、集落営農法人の場合は農地中間管理機構事業の活用事例が多い。中間管理機構のメリットとしては小作料支払の事務手続きを機構に頼める効果が挙げられている。そのほか、地権者は、機構への貸付だと安心する、クレームも法人直接ではなく機構の方がつけやすい、などがあげられる。相続未登記農地も一定程度あり、所有者の全員同意がとれないまま、法人が利用権の設定をせずに耕作し、小作料を（管理・納税者に）支払っている。

集落に基盤を置かない広域展開の法人等では、その借地の条件不利性から長期の賃貸借はリスクが大きく、機構事業には乗らない。

第六に、法人の作付けは交付金の多寡に応じて敏感にシフトし、総じて主食用生産から酒米・飼料米生産に移行し、主食用米の比率は下がるが[(18)]、水稲作付比率は高い法人が多い。一方、麦大豆転作の割合を高めている法人もある。

第七に、損益計算では、交付金が収入の３～４割台におよぶが、麦大豆転作を主とする場合には６割近くにおよぶ法人もある。構成員・従業員の所得（労務費＋地代＋従事分量配当）に占める交付金の割合は様々であるが、70ha台では100％強で、売上額は物財費をカバーする程度であり、所得は交付金依存である。140haといった大きな法人では物財費も交付金から賄うケースもある。総じて直接支払に依存した経営になっている。

20ha台の法人が雇用者を確保するのは損益計算面からも苦しい。

集落営農地帯における個別経営の位置

D法人やK法人は、いちおうは地域からの設立の了解を得ており、その意味で集落営農法人としたが、実態的には広域展開しているので、個別経営に含めて見ていこう。集落営農地帯にあっては個別経営はいかなる位置に立つのか。その位置から集落営農の本質・意義・限界がよく見える面もある。

D・K法人の特徴は、特定集落に根ざさない（依拠できない）ので、落穂ひろい的に広域化せざるをえない、「拡大するほど圃場分散」し、「移動するばかりで効率が悪い」(D)、労力的には雇用に依拠せざるをえない、ということで農業経営としては採算がとれず、株式会社を別に立てて各種作業受託

(18) 山口県の主食用米の作付けは、2018年初は増加傾向とされたが、結果的には生産目安を５％下回り、2019年産の生産目安も前年より3.4％減と減少幅が大きい方である。

でカバーするか（D）、赤字を抱え込まざるを得ない（K）。

しかし、そこに農地を預けるケースは、地域に集落営農がない、集落営農があっても山際等の条件の悪い圃場で依頼しにくい、あるいは水・畦畔管理は所有者責任になっているので、それができなくなると集落営農にとどまれなくなる、等の事情があり、そういう農地の耕作を効率的でないとして断ると荒れざるを得ない。「**経営のことを考えたら地域が荒れる**」（K）。つまり個別経営ではなりたたない、その意味で本来は公共的対応（公社や補助金）が求められるところを、個別経営が「最後の駆け込み寺」として担っている。そうするのは（せざるを得ないのは）、これらの法人が、地域から切れていない、多少とも集落営農的な性格を残しているからである。

個別経営が個別経営として成り立つには、そのような論理には立てない。**表5-5**に個別経営の調査事例を示した。４番農家は集落営農がない地域で、主として地域内から比較的区画の大きな圃場のみを集積している。彼が言うには集落営農は「地域の農地を守る」建前だから、条件の悪い農地を断りに

表 5-5　個別農家の概況

単位：a

農家番号	1	2	3	4
所在	萩市	長門市油谷	長門市油谷	美祢市美東町
世帯主年齢	62 歳	73 歳	63 歳	50 歳
前職等	農業	土建業兼業	消防署員	郵政省職員（U ターン）
後継者	長女	長男 46 歳、土建業	なし	未定
農業従事世帯員	本人、妻、長女	本人、妻、長男	本人	本人、妻
雇用者	—	—	—	47 歳（女性）
自作地	−	50	320	?
小作地	530	1,900	180	?
経営地	530	1,950	500	1,930
貸付地	380（うち畑 200）	—	−	−
地主数	7	18	4	25
小作料（反当たり）	なし、3,000 円	30kg	3,800 円	5,000 円あるいは 30kg
借地期間	5 年、10 年	10 年	5 年、10 年	
中間事業利用	70	1900	140a	なし
作付け	水稲 400、タバコ 130 野菜 130	主食米 1570、酒米 200 もち米 70、飼料作 100	主食米 450 黒豆 20a	主食米 1700、栗 140 野菜 70
集落営農との関係	E に参加	地域内に集落営農なし	任意の営農組合 12 戸	地域内になし
規模拡大意向等	タバコ、野菜は縮小 水稲は拡大	2ha 増（3 年間）	現状維持	現状維持
備考	農業委員	保全管理 60a 期間 10 年は長すぎる	油谷棚田景観保存会の会長	主食米は JA に 3 割の他は直接紙販売

くいが、自分は個別経営なので、相手と圃場を選んで借りるとしている。２、３番農家も集落営農がない地域での展開である。

集落営農がある地域に立地する１番農家は集落の農地を集落営農に預け、自分はタバコ作用の農地を集落営農から渡されるとともに、水稲栽培は集落外で集落営農も借りないような条件の悪い土地を借りている。集落営農への思いが外れた事例である。

基本的にこの地域における個別経営の展開は集落営農が無い地域でのそれといえる。

集落営農の論理

山口県は前述のように集落営農（法人化）の先頭を切ってきたが、その零細性と相まって高齢化の影響を強くうけ、持続性確保の道を必死に模索している。考え得る方途は、規模拡大、雇用、統合あるいは連合である。以下、この３つの可能性を検討していくが、それらの可能性は集落営農の論理と深く係わるので、まずその点を確認したい。

集落営農の目的は「集落ぐるみで農地を守る」「集落の農業は集落で守る」ことである（県農業振興課「山口県における集落営農組織の育成について」2018年７月）。それは強い「守りの論理」である。そして「組織として農地の所有や農業を行う必要性」により法人経営体化が促進された。山口県では集落営農の規模が小さいにもかかわらず抜きんでた法人化率になっているが、法人化もまた「守りの論理」の延長・発展としてある。

機械化の進んだ今日の水田農業にあって、人手に依存せざるを得ないという意味でのクリティカルポイントは畦畔管理に集中している。とくに畦畔率の高い中山間地域においてはそうである。アグリ南すおうは、セントピーチグラスの吹付や草刈りロボットの実用化に取り組んでいるが、なお人手を要することはいうまでもない。

「集落の農地は集落で守る」といった時、それは畦畔をはじめとする地域資源を守ることと同義である。しかし現実にはA法人がいうように、集落営農といえども、「自分の所有地は自分で作る」ことを前提としており、またD法人が指摘するように、水・畦畔管理ができなくなると集落営農が面倒見切れないケースもありうる。

ではどんなエリアで農地を守るのか。いいかえれば集落営農（法人）はどのエリアで組織されるのか。「集落営農」といっても、集落規模が小さな山口県にあっては、必ずしも厳密な意味での農業集落（むら）ではなかった。かといって大字（藩政村）規模でもなく、農業集落〜藩政村の範囲内の数集落営農が多かった。

この数集落をエリアとする論理は不明であるが、たんに経営規模の確保ではなく、共同して地域資源管理できるエリア、すなわち山や谷で隔てられない地続きの範囲で、そこに社会的要因が加わって決められていったのではないか。山や谷を越えると作業効率が悪くなるだけでなく、地域資源管理の共同が難しくなる。

集落営農と規模拡大

今日の集落営農は、そのエリア規模では高齢化の進展に対応できない、リーダー（経営者）やオペレーターを確保できないという問題に直面している。それを打開する第一の可能性として規模拡大があげられる。農地集積の手段・担い手としての集落営農法人への期待でもある。

集落営農といえども、それが土地利用型農業の経営体である以上、規模の経済の論理が働くことになろう。しかし集落営農としては、そこに二つの問題をかかえる。

第一は、既にみてきたように、そもそも経営の論理に徹しきれない。経営的には耕作がなりたたないような条件不利な圃場、なかんずく水・畦畔管理が困難な圃場は、経営としては取り込まないに越したことはない。しかし「地域の農地を守る」ことを建前に発足した集落営農は、それができない。「集落営農」はあくまで「集落」がついた「営農」であり、たんなる営農＝経営に徹しきれないのである。

第二に、「このエリアの農地は守ろう」という「営農」だから、その範域内の農地を（条件の悪いものも含めて）できるだけ多く集積しようとするのは当然だが、エリア外にまで打って出て、外延的拡大を追求する論理はそもそも内包しない。現実にも年々高齢化が進む中で、その余力もない。調査した法人はその規模の大小にかかわらずほとんど全てが、エリア外からの貸し付け要求に対しては、その余地なしということで「お断り」している。集落営農には青天井の規模拡大の論理は貫徹せず、エリア内の集積にとどまる。

それを突破しうるのは唯一、C法人のように参加集落そのものを増やすことである。しかしそれは、たまたま地域資源管理を同じくしうる範囲に集落営農が組織されていないケースに限られ、そもそもの集落営農の立ち上げ時に積み残した課題の後処理ともいえる。

集落営農法人の雇用

第二の対処法は雇用の導入である。調査では2/3の法人が雇用を入れており、20ha台の小規模法人でもそうなっている。しかもそれはここ１、２年のことが多い。そして雇用にあたっては、県立農大が法人就業コースを設けるなどして有力な供給源になっている。

果たして20ha台の小規模法人が雇用者を入れて成り立つのかは**表5-4**で検討したが、米直接支払7,500円の廃止前の損益計算でも、その結果は厳しい。準備金・地代・従事分量配当（時給水準）をいじる等の措置が必要だが、時給は1,000円程度、小作料も10a3,000～5,000円で、これ以上の引き下げは難しく、後は準備金の積み立てをセーブするしかないが、それも個別の集落営農法人に対する補助事業がなくなるなかでは、機械更新等に問題を残す。

加えて個別の小規模集落営農法人による若手雇用には配慮すべき点が多いように思われる。主として人間関係と位置付けの問題である。

処遇面では、給与面ではほぼ地域的な水準が形成されている（基本給15～18万円、手取りで13～15万円程度か。２～３万円の差は大きいとも言えるが)。就労条件については確認していないが、労働時間や休日等の取り決めはあるものと思う。

問題は人間関係である。J法人が指摘するように、集落営農の役員や常時従事者の平均年齢は70歳前後になる。そこに農大卒の20歳前後の若者が一人でポツンと就農しても話し相手がいないという問題である。

D法人のトップは、「採用しても数カ月で辞めていく、辞める理由がわからない」と頭を抱えている。D法人の場合は相対的に若い年齢構成になっており、数人の雇用者をかかえているので、あるいは年齢問題ではないかも知れない。

小さな集落営農法人が若手を雇用することが、小さな世界に閉じ込めることにならないためには、若手雇用者、集落営農法人雇用者の横のつながり、同じ世代で話し合える場をつくることが必要である。集落営農法人に必要なことは、企業体としての、かつ一企業の枠を越えた同世代のコミュニケーションの場を確保し、若手雇用者が孤立しない仕組み作りである。また小さな組織ではキャリアアップの道が閉ざされている。研修機会等の確保も必要である。それには自治体や農協等の支援も必要かもしれない。

今一つは雇用者の位置付けである。前述のように集落営農は「地域の農地は地域で守る」精神にたつ。ところがその「地域」で守り切れなくなったことから地域外から雇用を入れることになった。雇用者自らは「地域で守る」とする「地域」の出自では必ずしもない。あくまで法人経営に雇用された者である。そこに雇う側の「地域」の論理と、雇われる側の「経営」「企業」「雇用者」の論理のすれ違いはないだろうか。

そのことは雇用者を将来的にどう位置づけていくかという問題でもある。A法人は「ゆくゆくは若手の雇用者２人に経営を継がせたい」としている。そういう位置づけをするか否かの問題がまず大切だが、そのうえで、「継がせる」のは集落営農なのか（圃場と地域資源の管理)、経営体なのか、という先の問題が付きまとう。

雇用した集落側とすれば、集落営農の論理を継いでほしいだろうが、経営を任された側は経営採算を考えなければ生活がたたない。経営継承がめでたく成ったとしても、そこには「集落営農」から「農業経営」への論理転換がありうる。それは条件不利な圃場の扱いに集中するだろう。

また当面の問題としては、雇用者の冬場の仕事確保が課題になる。機械整備や圃場の補修、野菜栽培といった作業はあろうが、きちんとした就労の場の確保が求められる。その点でも次の連合体の試みが注目される。

集落営農法人の連合体形成

第三は、既存の集落営農の合併あるいは連合である。

合併については、例えばＩ法人は「近隣の三法人は仲が良く、大豆作業も一緒」ということで合併を希望している。「大豆作業も一緒」とは、三集落が山や谷に隔てられず連坦しているからであろう。元々、集落営農といっても、とくに山口県の場合は必ずしも１集落営農ではなかった。連坦している集落同士なら地域資源管理も共同しえるわけで、合併もありうる選択肢である。

しかし中山間地域では集落と集落が山や谷に隔てられて連坦していない場合が多く、その場合は地域資源管理が別々になされているために、集落を維持するためにも安易な合併は問題を含むことになる。

そこで、各自の独立性を保持したうえで、機能統合する連合体を形成し、小さな構成員の規模ではできないことを連合体規模で追求する「連合」の道が求められる。端的には個々の小さな法人では確保しがたい雇用を連合体で確保し、構成員を派遣してカバーしようとする道である。J法人などが主張している「お助け隊」であり、山口・島根県等の集落営農法人の今日的な課題になっている。

この点に関わり冒頭の県資料は、「就業の受け皿となる法人の経営体質の強化」すなわち連合体の構成員法人が雇用主体になる道と、集落営農法人連合体の要件として専従従事者の確保、すなわち連合体が雇用主体になる二つの道を示している。後者の場合にその専従者が構成員法人の「お助け」にも出動するということか。

表 5-6　集落営農法人連合体の概要

名称	萩アグリ	萩酒米みがき協同組合	長門西	三隅農場	アグリ南すおう
地域	旧須佐町・田万川町	萩市・阿武町	旧油谷町・日置町	旧三隅町	JA 南すおう管内
設立年次	2016	2017	2017	2017	2017
出資者	法人 7	法人 11、酒造会社 6、JA	法人 4、JA	集落営農法人 5、施設園芸法人 1、JA	18 法人、JA
総経営面積	153ha	551ha	81ha	集落法人計 97ha	449ha
取組内容	大豆コンバイン 資材一括購入 施設園芸の導入 専従者 1 人確保	酒米とう精工場の建設 酒米生産拡大	ドローン防除受託 水稲育苗 専従者 1 人確保	施設園芸に係る研修	農作業受委託調整 生産資材共同購入 機械・施設整備 次世代人材確保

注：県農業振興課資料およびヒアリングによる。

調査事例を**表5-6**に示した。萩アグリ、三隅農場は、施設園芸とそこでの新規雇用、萩酒米みがき協同組合は構成員法人の酒米のとう精工程を担うものであり、それぞれ新たな事業への取り組みが主である。長門西はUターン者の地域としての受け入れ先の設立である。

これらはいずれも、構成員法人の要求だった、オペレーター不足ひいては後継者欠如をストレートにカバーするものではない。施設園芸はいざ取り組みだせば専従者が必要になり、構成員のアドホックな需要に必ずしも即応できるものではない。いわんやオペレーター不足は恒常的な、かつ各構成員に共通する問題であり、対応しようとすれば連合体と構成員、構成員同士の競合性が高いだろう。施設園芸は成功すれば自立性を高めていくのではないか。

また、施設園芸等の新規事業への取り組みが構成員法人の収益性を高めると言っても、それは株式会社としての微々たる出資配当という範囲にとどまるだろう。

とう精工場の設立は工程を地域内製化し、運賃などコストを削減、酒米生産の拡大、酒の競争力強化等に資する。

前述のように、県農政は法人連合体の形成に軸足を移しており、補助金もそこに集中するので、個々の法人としては連合体に参加することを通じて、自らの機械装備等のチャンスにもしようとするのが目的の一つといえようか。それはそれで必要不可欠な対応だが、本来の雇用確保等からはやや逸れることになる。

そういうなかで、先の県の「就業の受け皿となる法人の経営体質の強化」を正面に掲げるのがアグリ南すおうである。それはJA南すおう(19)という広域農協の管内全域にわたって法人を組織したもので、規模が大きく、県OBがJA職員として連携推進コーディネーターを務めるという陣容等で際立っている。

コーディネーターは、法人の希望だったオペレーター付き機械利用の法人間連携や連合体（中核法人）による作業支援には限りがあることを見据え、連合体の目的を、構成員法人が後継者の雇用を確保できるよう、法人の収益性を高めることに力点を置き、各種の省力化の手を打ちつつある。連合体の手助けで省力化した時間で新たな収益源を開拓し、その収益力をもって各法人が雇用を確保しようとするもので、果たしてそれだけの省力効果を発揮しうるか、既に高齢化著しい法人にそれだけの活力があるのかが問われるが、一つの方向性が実践をもって打ち出されている。このような実践は、萩アグリのとう精工場建設による酒造工程の地域への取り戻しにもいえる。

要するに連合体の形成が法人の高齢化、後継者難に対する直接的な切り札になるわけではないが、からめ手からの攻めにはなる。

本章の問題意識からすれば、集落営農法人は経営の論理を十分に追及し得ないが（守りの論理）、連合体（中核法人）は株式会社形態をとり、あらゆる分野に進出可能であり、かつ経営体の論理を追求しうる（攻めの論理）。「守りの論理」と「攻めの論理」が相補しうるかは今後の課題である。

第３節　山形県の集落営農

１．はじめに

表5-7に示すように、東北の集落営農は特徴ある展開をたどってきた。第

(19)山口県のJAは2019年４月に県１JAに合併した。

表 5-7　集落営農の全国・東北の比較

(1) 増加率　　単位：%

		2005〜10	2010〜15	2015〜19
全国	任意組織	11.9	6.6	△14.1
	法人	215.5	72.7	46.4
東北	任意組織	76.3	1.6	△12.8
	法人	213.3	86.6	62.0

(2) 法人化率

	2005	2010	2015	2019
全国	6.4	15.0	24.4	35.9
東北	6.0	11.4	17.3	28.9

注：農水省「集落営農実態調査」による。

一に、2005〜2010年にかけては任意集落営農が全国をはるかに上回る勢いで増大した。第二に、法人数が2010〜15年、15〜19年ともに全国平均をかなり上回って伸びた。集落営農の法人化率は全国平均35.5％に対して山形28.0％と低いが、その一因は第一の点、すなわち集落営農の急増にあろう。

第一の背景には品目横断的政策（経営所得安定対策)、第二の背景には農地中間管理事業における地域集積協力金の影響が強い。そこから次の点が指摘されている。第一に、枝番管理的な集落営農が多い。第二に、その背景として、品目横断的政策の規模要件としての４ha前後の、相対的に規模の大きい農家層の参加が多い。

以上から、東北の集落営農は、後発急進的、政策対応的、構成員の相対的大規模性といえる。このような東北的特質を確認しつつ、集落営農の内実を事例的に探るのが本節の狙いである。その場合に次のように限定をした。

第一に、調査地として山形県を取り上げた。その理由は、①東北の農家は３世代世帯・「いえ」の割合が高く、「むら」よりも「いえ」が強いといわれてきたが、そのことが「むら」を基盤とする集落営農にどのような地域的特徴を与えるかを知りたいからである。東北の中でも山形県は３世代世帯の割合が高い。②同県は水稲を中心とした庄内地域と、園芸作・果樹作が加わる内陸部・山形地域という二つの地域性をもち、集落営農の多様な展開の把握にふさわしい。

第二に、集落営農のうち法人化事例に絞った。いま、任意組織は法人化するか解散するかの選択を迫られており（東北では解散事例が多い)、それ自体としての定型性に欠けると思われるからである。

調査事例の位置付けのために、山形県地域営農法人協議会メンバーのデータに基づいて山形の集落営農法人の輪郭をみておく[20]。第一に、農事組合法人の割合が85％と圧倒的である。第二に、庄内地域が58％とやや多い。第三に、構成員は１法人平均17.4人である（大規模な枝番集落営農の存在が影響している)。第四に、雇用を入れている法人が30.6％である。雇用法人は山形地域が県全体の77％を占める。雇用を入れている法人の平均雇用者数は5.2人である。第五に、経営面積別には30ha未満31.7％、30～50ha33.1％、50～100ha24.7ha、100ha以上10.6％、平均して57haである。山形の方が50～100ha、庄内の方が100ha以上がやや多いが、大差はない。

山形県の集落営農法人を、A.枝番管理型、B.転作型、C.生産者組織型、D.協業集落営農型、E.農協子会社型の５タイプに分ける。Aは経理や出荷を構成員ごとに枝番管理する型（４法人)、Bは転作中心の作付けや園芸志向をもつ型（３法人)、Cは少数生産者（いちおう４人以内、場合によっては実質１戸）による組織（４組織)、Dは５人以上の構成員の協業に基づく集落営農型（２組織）である。各タイプから１事例（Cは２事例）を選んで事例報告する。

報告は概ね、①経過、②農地、③作付、④作業担当・雇用、⑤今後の順とする。年齢等は調査時（主として2019年１月からの１年間、B1とC2は2018年３月)、損益は2018年度のものである。調査事例の概要は**表5-8**の通りである。

---

(20) 山形県農協中央会による同協議会名簿による（2018年11月末現在)。そこには148の法人がリストアップされているが、そのうち経営面積２ha未満の５つを除き、１法人を加えた。これはあくまで「地域営農法人」のリストであり、集落営農に限定されないが、そのほとんどは地域・集落を基盤としたものと思われる。

表 5-8　山形県・調査集落営農法人の概要

類型	枝番管理				転作主体		
法人名	A1.アグリ南西部	A2.ファーム北平田	A3.藤岡	A4.希望ファーム大宮	B1.ドリームファクトリー	B2.村木沢あじさい営農組合	B3.一心きらきらファーム
エリア	酒田市遊佐町広域（19 集落）	酒田市北平田明治村	鶴岡市藤島町集落	酒田市大宮大字	米沢市窪田町市内一円	山形市村木沢大字	酒田市上野曽根集落
地域	平地	平地	平地	平地	平地	平地～中山間	平地
前身	オペレーター組合		ライスセンター運営（1977 年）	コンバイン組合		大豆転作組合（2001 年）	共同田植
法人化年	2018	2016	2016	2015	2001	2013	2011
構成員	121	104	10	18	10	272	11
代表の年齢・前職	61 オペレーター組合長	68 農協常務	60 生産組合長	68 農業	58 農業（農協青年部幹部）	71 農協職員・神主宮司	64 農業（菌床栽培）
圃場区画	30a	30a	30a	30a		30a	30a
経営農地	350ha	450ha	36ha	51ha	転作受託130ha	150ha	42ha
小作料（円）	17,000	16,000	15,000	11,000	5,000	水稲 11,000 転作 32,00	11,000
主食用米	239	333	25	45		28	27
飼料米	79	34	11	5		—	5
転作	大豆 17、野菜 3 菜種 1	大豆 59、園芸作 3.4 WCS11		野菜 0.7		大豆 58、枝豆 7、ソバ 18、小麦 30、里芋 5	大豆 5、枝豆 2、小菊 0.5、山菜 0.6
常雇（女性）	—	4	—	—	—	14（3）	—
備考	4ha を法人直営、畑 1ha で施設園芸	大豆収穫等を委託、施設園芸 32a	秋作業は刈取組合に委託	園芸から水稲回帰、水稲移植は個人	転作作業受託組織	直売所、「農メンズ」	小菊転作後退

注：2019 年 7 月、9 月、2020 年 1 月に調査。

とりあげた事例のうち半数は追跡調査であり、その既報告については注記した。

2．集落営農法人の事例

枝番型集落営農法人―A2.ファーム北平田（農事組合法人、酒田市北平田）[21]

①経過

明治村・北平田村は14集落からなり、農地は682ha（水田669ha）。2007年の品目横断的政策の交付要件である20ha（集落営農の場合）をクリアでき

単位：ha

少数生産者組織				協業集落営農		農協小会社
C1.ひまわり農場	C2.アグリメントなか	C3.おそのづか	C4.あさひの輝き・まんてん	D1.ファーム吉田	D2.ほうのさわ	E1.あつみ農地保全組合
真室川町塩根川（大字）	飯豊町中大字	高畠町小其塚大字	鶴岡市東岩本集落	河北町吉田大字	川西町朴沢大字	鶴岡市あつみ町町内一円
中山間	中山間・平地	平地	中山間	平地	中山間	中山間
作業受託組織（1994年）	中地区大豆会（2000年）				コンバイン利用組合（1989年）	
2010	2003 有限会社	2009 株式会社	2007	2013	2012	2014 株式会社
4	2（役員）	4（役員）	4	15	6	3（役員）
49 農協職員	63 農業	64 農業	59 農業（山菜促成栽培）	70 全農	66 農協専務・町議	66 農協理事（経済連）
大きくて 10a	5~30a	60a	20a	30a	15~20a	10a 以下
190ha	80ha	52ha	56ha	40ha	50ha	51ha
賃借１俵 作業受託 10,00	水稲 25,000 転作 21,000	株主 20,000 組合員 17,000	10,000	12,000	9,000	3,000~3,500
21	31	31	46	30	35	10
27	10	8	—	5	—	—
大豆 97、牧草 32、ブロッコリ 11、園芸 1	大豆・ソバ 40 アスパラ 3	大豆 7、青菜 0.5	ソバ 4、カブ 2 園芸 0.5	枝豆 2、キャベツ 1.5、園芸 0.5	ソバ 15	ソバ 30、野菜 8、大豆 3.5、
14（3）	2	1 人予定	3	3（1）	—	2
70 年代から取組み、圃場整備に挑戦	4 戸から 1 戸へ イチゴ溶液栽培	規模拡大、ライスセンター、精米所	季節雇 3 人が支え 個別経営と「丼」	水稲作業委託から直営化	10a8.5 万円の管理費支払い	「雇用農家」制

ない集落が４つあることから、①17集落ごとの生産組合を７つの「営農組合」に再編する。②さらに７営農組合を一本化し、主要３作業のオペレーター作業組合の名目で「きたひらた営農生産組合」を２階部分として立ち上げることにした。185名、585haが参加した。農家・農地の９割に及ぶ「村ぐるみ組織化」である。

2011年には集落営農法人化の補助事業でコンバイン17台、トラクター３台、

(21) 同組織に関する既報として、拙著『混迷する農政　協同する地域』（筑波書房、2009年）、第４章、同『地域農業の持続システム』（農文協、2016年）、第１章第２節、A13。

表5-9　A2・ファーム北平田の構成員の推移と経営面積

（1）耕作規模別の構成員の推移　　単位：戸

耕作面積	2016年	増減	2019年	備考
1ha未満	5	2	11	耕作なし6
1~4	50	△1	39	
5~7	34	3	36	
7~10	10	1	13	
10ha以上	2		4	
合計	101	5	103	平均4.7ha

注：1）法人資料による。
　　2）「増減」は加入脱退を示し、2019年の数字は構成員内移動を含むと思われる。増減の計は不明。

（2）法人経営面積　　単位：戸、ha

	戸数	面積	うち中間	うち円滑化
構成員	103	280.3	278.0	2.3
委託者	143	176.0	163.5	12.5
計	246	456.3	441.5	14.8

注：1）資料は（1）に同じ。
　　2）中間は農地中管理事業、円滑化は農地利用集積円滑化事業。
　　3）筆数1,307が記載されている。

田植え機1台を導入し[(22)]、営農組合に貸し出すこととした。この導入により北平田は地域では「後戻りできなくなった」と評された。

2014年の米価下落や農地中間管理事業の発足を踏まえ、2016年には農事組合法人「ファーム北平田」を設立し、101名、425haが参加した。営農組合段階で既に150名、551haに減少していたが、法人化にあたり37名が不参加、12名がリタイアだった。不参加の多くは10ha規模の農家だった。さらに2019年までに加入5名、脱退3名、法人内リタイア9名等があり、現状は104名、450haである。

2018年度末での参加者の耕作規模をみたのが**表5-9（1）**である。これによると4ha未満と以上とがほぼ半々で、品目横断的政策の対象要件を個別にクリアしうる4ha以上層の参加も多い。加入脱退と法人内での耕作面積の移動の結果、4ha未満は減少（おそらく耕作なしに）、4ha以上は増加し

(22) 個人有の機械は農協を通じてかなり高額で下取りさせた。

ている。法人内リタイア（**表5-9（1）**では「耕作無し」か）が微増しつつあり、その農地が他の構成員に回っている。

法人化・利用権集積により、地域集積協力金２億円が交付された。その半分は地権者に支払い、残りは、北平田小学校跡地を借り入れ、農振地域に戻して、トマト、ストックなどのハウス６棟44aの建設にあてた。リーダー（元農協常務）は、若い後継者を取り込むための周年農業化、そのためのハウス建設が法人化の目的だったともしている。また法人化後にコンバイン３台、田植え機２台を導入している（総数でトラクター３台、田植え機２台、直播機２台、コンバイン20台）。

②農地

圃場は30年前に30a区画化され、その償還は終わっている。現在は排水路を埋めて60a区画化し、管路化しており、排水路の草刈り作業を省いている。法人の耕作面積の内訳は**表5-9（2）**の通りである。６割は組合員からの利用権設定を受け４割が構成員外からのそれになる（構成員外も北平田村の者）。小作料は16,000円。法人内リタイア組の農地を含めれば、構成員が実際に借りている面積割合はさらに増える。このような賃貸借の一定の進展の上にのっかった法人化である。

③作付

2019年は、主食用米333ha、飼料米34ha、WCS11ha、大豆59ha、園芸作3.4ha（長ネギ、枝豆、ワワ菜）である。施設園芸は前述。水稲は乾田直播30数haを含む[(23)]。大豆転作は個人管理ができない、収益も減っているということで、個人管理が可能な飼料米等にシフトしている。

④作業

法人の担当は水稲の枝番管理部分と園芸作から成る。水稲については、耕耘、田植え、水管理は個人で行う。北平田村には元から作業受託組織協議会があり、ファーム北平田の組合員のほかに26名が参加して計130名で無人へ

(23) 湛水直播も10数ha取り組んでいたが、水管理が困難、倒伏しやすいということでやめた。

り、大豆コンバイン、乾田直播、土地づくり散布等の各部門ごとに取り組んでおり、構成員は要すれば法人を通じてこれらの受託組合に委託している。トラクター作業は雪掻きのために個人有が必要ということで、個人作業である。

収穫作業については、先の営農組合が15ha程度で１班の作業班（全部で31班）をもち、各班３～４名のオペレーターが法人導入のコンバインを用いて共同作業する。オペレーター賃金は従事分量配当で処理されるが、単価は10,000円である。

田植えは、カントリーの定年退職者を雇用して５haほど直営している。毎年４～５haの委託が出てくるので、法人で受け、組合員でもう少しやりたいという人を臨時雇用するかたちで直営する。

園芸部門については、正社員３名（30代～60代）を雇用し、通年パート４名、繁忙期パート４名で担当している。

⑤今後など

2018年度の売上額は402百万円（水稲が3/4）、交付金94百万円、従事分量配当は2017年度で75百万円程度になる。

リーダーは、５～10年で北平田の９割を引き受けることになるのではないか、北平田の外にでるつもりはない、ゆくゆくは構成員を絞り込み、経営の分かるＩ・Ｕターン者を雇用して将来を任せたい、女性の雇用も大いに結構、としている。６次産業化は考えず、農協常務時代の企業との付き合いによる米の独自販売、園芸作の北平田ブランド化を追求する。

転作主体の集落営農法人―B2.村木沢あじさい営農組合（農事組合法人、山形市村木沢）(24)

①経過

山形市西端の村木沢村（明治村）(25)をエリアとする。村は約350戸、農地は水田280ha、裏山に畑が相当ある（80年代半ばにゴルフ場建設の話がとん挫してからほんとど耕作放棄されている）。水田は６割程度が30a区画化されているが、残りは10a、20aである。

法人の前身は市の転作助成を機に2001年に設立された大豆主体の転作組合。それが2006年に特定農業団体となり、2013年に法人化した。理由は離農農家の跡地の借り手がいなかったこと、組織の後継者問題だが、背景には政策展開があり、２度目の法人化要請に応じた。

2014年には構成員250名、経営面積100ha程度（利用権設定57ha）で、水稲22ha、大豆36ha、小麦22ha、ソバ38haのほか、地域特産の里いも、玉ねぎ、枝豆、カボチャを計２ha作り、直売所100坪を運営。組合長は農業委員を長年務め、事務局長は農協OBかつ宮司だった。

現在は、組合長には前事務局長が昇格し、農協OB（63歳）が事務局長になる。

組合員は272名に増加。うち35名は近隣他村の居住である。大字村木沢をとれば80％以上が参加したことになる。

②農地

経営面積は利用権設定が100ha、相対小作が50ha。地権者は200名程度になる。村外からの借地は５haもない。水田の村内集積率は52％程度である(26)。相対小作の理由は、転作団地化するために大規模農家等と作り交換したケースが多いが、名義変更されていないものや利用権に対する懸念も若干ある。利用権は農地利用集積円滑化事業から農地中間管理事業に付け替え、地域集積協力金1,600万円は機械更新等に利用し、地権者還元はしていない。

小作料は利用権、相対ともにも、水稲作付けは平均して10a11,000円、転作の場合は32,000円である。転作の場合はかなり高いが、転作組合時代からの「既得権」を引きずっているとされる。「『あじさい』に作ってもらうから

(24) 同組織に関する既報として、拙著『地域農業の持続システム』（前掲)、第１章第２節A15。

(25) 藩政村（大字）村木沢（14集落）と若木（幕府直轄領、１集落）からなる。小学校区・農協支所のエリアでもある。

(26) 畑の借地は原則として断っており、条件の良い畑３～４haをタダで借りて大豆を作付けしている。

プラスαがあるよ」ということで「これ（転作地代）がないと組織が成り立たない」としている。しかしあくまで「プラスα」であり、徐々に引き下げており、法人としては30,000円にしたい意向である。期間は10年。

③作付

主食用米28ha（2014年22ha）、大豆・枝豆65ha（うち枝豆７ha、14年は36ha）、ソバ18ha（同38ha）、小麦30ha（22ha）、里いも５ha（3.7ha）[(27)]などである。主食用米はJA出荷と業者・直販が半々である。飼料米は近くに畜産農家がいないので取り組まない。水稲は直播に切り替えたいが、いまのところ未熟で２ha程度。

ソバから小麦―大豆へのシフトが進んでいる。交付金と単収の関係である。

④作業

法人発足とともに20代２名、30代３名、60代１名の計６名を雇用。2019年は14名（うち女性３名）に増えた。水田面積、枝豆、里いもの拡大による。年齢別には、10代１名、20代３名（内女性が１名）、30代３名、40代３（女性１）名、50代１名（女性）、60代２名（１名は事務局長）である。60代１名がやめたほかは2014年の雇用も継続している。法人を維持するには年齢をばらしつつ、同時に同年齢層の横のつながりを配慮したいとしている。雇用は地元優先で「一本釣り」しているが、ハローワークにも頼むようになってきた。賃金は男女差なし、平均支給額22～23万円程度、ボーナス2.8か月。若手を「農メンズ」と名付けて研修に力を入れている。従業員は作物担当制を敷いている。従業員が組合長になることは考えていないが、理事として経営に携わるよう期待している。

４～11月にかけて草刈り等に準職員を５名雇用している。また里いもの洗い作業に構成員農家の女性を常時３名、多い時で30名程度臨時雇用している。水管理は従業員が行う。

(27) 地域特産の伝統野菜「悪戸いも」（粘りが強く煮崩れしない）が村山伝統野菜に指定されている。

⑤今後

2018年度は販売額１億560万円、営業利益が8,600万円の赤字、営業外収益（交付金等）が9,500万円で、経常利益950万円をあげている。

味噌、豆腐、ラーメン、麦切、豆菓子等の委託加工に取り組み、事務所併設の直売所をもち、また旅行会社の芋煮ツアーの昼食を受託したことに端を発して農泊も計画している。

「市民参加型農業」と銘打ち、地元の「あじさい祭り」への参加、味噌づくり・豆腐作り・里いも収穫・枝豆もぎ取り等の教室・体験等を積極的に行っている。「地域ぐるみで築く共感できる新たな農業」づくりが基本方針である。

今後については、規模的には300ha、すなわち村木沢村全体を視野に入れている。農家が作れなくなった場合に備えるという「使命感」もある。そのために、交換分合等を通じて団地化を図り、自動草刈り機の試用などスマート農業にチャレンジしたいとしている。冬場の仕事の確保のためにも畑地の利用や遊休農地の活用を考える。大豆等の交付金の先細りや米価の下落に備えて園芸作物に力を入れたい。

圃場の大規模化も課題だが、段差が大きく、工事後に農地が落ち着くまで10年はかかり、それに耐えるエネルギーがあるかが問題だとしている。

少数生産者組織―C1.ひまわり農場（真室川町塩根川）(28)

①経過

同地域は山形・秋田の県境の農村で、積雪は２mに達する豪雪地帯。典型的な峡谷型条件不利地域といえるが、中山間地域等直接支払いの傾斜度による要件はみたさない。「塩根川」は真室川の支流の沢筋に６kmにわたり展開する４つの小集落の総称で、旧及位（のぞき）村に属する。昭和20年代には62戸だったのが、21世紀には18戸に減少している。

(28)拙著『集落営農と農業生産法人』筑波書房、2006年、第１章。

満蒙開拓（八溝開拓）の経験者が数名おり、地域のリーダーはそこで共同の難しさを実感していたが、1974年に田植え機導入に伴う共同育苗組合を設立した時は、実行組合の全戸参加になった。同年、リーダーと若手農家の計３戸による機械利用組合を立ち上げた。

91年には塩根川地区農用地利用改善団体が作られ、権利移動による離農離村を防ぐために作業受委託を進めることとし、94年には上記の者を中心に40代４名、30代１名の作業受託組織「ひまわり農場」を設立した。2005年で、収穫・乾燥37ha、無人ヘリ防除170haほどを受託し、さらにメンバーが個人で耕耘・田植えを受託していた。設立趣意文では「部分的な生産組織でよいのか」として、「周年就農できる新しいタイプの組織」をめざし、作業受託とともに有限会社形態での借地を志向していた。

2007年に品目横断的対策に対応するため特定農業団体化し、2010年には法人化した。構成員は、先のリーダーの長男（49歳、現在の組合長）と受託組織メンバーの後継者３名である[(29)]。作業受託組織から法人への転換と構成農家の世代交代（継承）が同時になされたわけである。

②農地

圃場区画は大きくて10a程度。経営面積は190ha、うち農地法３条の賃借権76ha、これは塩根川集落が多い。その他は全作業受託形態が主で集落外が多い。塩根川では１戸を除いて全て集積（45ha）、及位北部をとっても農地の９割は法人が管理している。

賃借権は期間10年で小作料は現物で１俵（全体の７割）、作業受託は小作料10,000円で１年ごと。小作料は、燃料費も上がったので、遠いところは徐々に下げたい。３条賃貸借については、永く貸し続けてきた者でこれからも貸し続ける意向なので、法定更新される３条とした模様である。農地賃貸

(29)組合長は農協勤務から地元に引き戻された。構成員のうち１名は女性で農業委員、事務とトマトを担当。残る男性２名は30歳前後で、大豆・水稲とブロッコリーをそれぞれ担当。先の受託組織メンバーのうち１名は後継者がなく法人の臨時雇用になり、１名はヘリ防除組織を株式会社化して自立。

借と作業受委託と両端に分かれるが、貸借については「難しい土地柄」だとしている。

地権者は197名、1980筆にのぼり、最遠でクルマで片道１時間以上かかる。最近では耕作放棄地の借入が多く、年に数haを復旧しており、地区内には耕作放棄地はないという。規模拡大するほど遠距離となり耕作条件が悪くなるので、そろそろ借入れは歯止めをかける時期にきたとしている。

③作付

主食用米21ha、飼料用米27ha、大豆97ha、牧草19ha、子実用デントコーン13ha、ブロッコリ11ha、ミニトマト、みつばなど園芸作が１haほど。主食用米は水管理が大変なため近場しかできない。大豆が主力で、遠くの圃場をあてている。飼料米は反収が６～７俵と低いが、SGS（籾米サイレージ）化している。大豆（３年）―飼料米（３年）の水田輪作をめざしている。牧草とデントコーンは町営繁殖牧場に供給する。耕畜連携を通じて供給される堆肥を雪上散布し、畦畔の保護と周年農業化を図る。ブロッコリは2015年から取り組み、量販店チェーンとの契約栽培で、30haまで拡大意向である。みつばも周年農業化の一環としての促成栽培である。

出荷先は農協、資材も８割が農協から。収入保険には積極的に入った。

④作業

基本的に構成員と雇用でこなす。雇用は14名、うち男性が11名で、20代と60代が各３名、50代２名、30、40、70代が各１名と年齢的に分散している。女性１名が隣町からの他は全員が町内出身である。

５名は12～３月は町の臨時職員として除雪に従事する。理事の１人がそれに携わっていて、仲間を連れてきた。冬場は堆肥散布、機械修理、女性はみつば栽培に携わる。人手は不足しており、あと３名ほど雇用したい。賃金は日給制（時間単価、男性1,000円、女性800円）、ボーナス１カ月程度と通勤手当が付く。将来的には従業員の出資もありうるが、従業員が組合長になることないとしている。

水管理は、近場は法人で行い、他は地権者３名にエリアを決めて委託し、

10a4,000円弱を払う。畦畔管理は従業員の「雨の日」仕事である。

⑤今後など

2017・18年度の平均収支は、売上額4,800万円、営業赤字が9,600万円になる。営業外収益（助成金等）1.1億円で、基盤強化準備金を積み立てつつ、黒字にしている。条件不利は否めず、反当粗収益が低く、経営は厳しい。役員報酬等・労務費・支払地代といった農業所得相当部分を合計すると7,000万円弱で、助成金は所得のみならず物財費も補填している。組合長としては「毎年が綱渡り、10、11月が特に厳しい。運転資金はスーパーL資金を借りている」としている。相当額の借金があるが「苦にはしていない」。

「ひまわり」は圃場未整備のハンディを覚悟で法人化したが、このたび及位北部地区100haの圃場整備事業に取り組む合意形成ができ、２年後に着工する。10年かかるが、これで最大で50a区画化できる。基盤整備で圃場を団地化したら、転作から主食用米にシフトするとしている。

法人の理念は、耕作放棄地を出さない、米単作から脱却する、交付金に頼らない農業、耕畜連携（自然循環）、である。そもそも「ひまわり」の名前は、「農場が集落の様子をよく見渡して仕事する」「集落から農場を認めてもらえるように」の願いを込めているという。

少数生産者組織―C3.おそのづか（高畠町小其塚、株式会社）[30]

①経過

小其塚は大字、面積約80haで一戸当たりの水田面積は約１ha。

05～07年に、「明日の農業を考える会」、農用地利用改善組合を設立し、100回も議論を重ねるなかで、集落営農に賛同した農家８戸で小其塚集落営農組合、そのうち３名で品目横断的政策の助成対象になるオペレーター型組織（特定農業団体）「ファームおそのづか」を立ち上げた。機械作業は「ファームおそのづか」、水・畦畔管理作業は集落営農組合が担当する。

---

(30)拙著『地域農業の持続システム』（前掲）第１章第２節。

09年には「ファームおそのづか」を株式会社化した。５年後法人化が行政指導だったが、３年早く法人化した。その理由は、a. ２年で大規模水田経営のコツをつかんだ、人格なき社団として既に税負担していた、b.取り組んでいたコメ等の直売には信用とブランドが必要、また経営発展には多角化が必要、c.後継者確保には福利厚生面の充実が必要、d.基盤整備事業の農地利用集積促進費の助成を受けて受益者負担を減らす、などである。とくにdが大きなメリットだった。

特定農業団体の３名、そのほか集落営農組合の構成員２名が出資し、既にコメの直売をしていることもあり、農協出資はあおがなかった。

特定農業団体時代からの３名が役員になったが、2018年には出資者の子弟（45歳）が専務として加わった[(31)]。それに伴い専務が代表に、代表が常務に交替している。

②**農地**

2002年より圃場整備に取り組み07年に62haを完了（受益者72戸）。60a区画７割、30a区画２割、100a区画１割になり、30年来の地域の悲願を達成し、水管理が楽になった。

2014年当時の経営面積は35haだった。うち役員の所有面積が22ha、株主２人のそれが6.5ha、残り6.5haが集落営農組合の組合員からの借地だった。2019年には経営面積52haに拡大している。ここ２・３年は年２haぐらいずつ拡大している。近隣集落からの借地も増えている。農地中間管理機構を７haほど通している。地域集積協力金の対象にはならないが、貸し手が経営転換協力金の対象になるので、今後とも利用する意向である。水稲防除、大豆刈取の作業受託を若干行っている。

小作料は、株主は10a20,000円、集落営農組合員は17,000円、その他は11,330円（町の水稲と転作の各参考小作料を転作率30％で按分）にしてい

(31) 兼業していた出資者が死亡し、長男が株を継承していた。長男は農協勤務で主として金融畑を担当していたが中途退職し、将来の経営者候補としてファームに参加した。

る[32]。

③作付

主食用米31ha（2014年26ha)、飼料用米8.2ha（２ha)、大豆7.4ha（7.4ha)、啓翁桜2.4ha（1.2ha)、青菜0.5ha（0.3ha）で、2014年当時のカボチャ0.2haはコスト的にあわず止めた。青菜は稲刈りが終わった後の作業で、漬物原料である。冬場の仕事になるとして啓翁桜や青菜を拡大しているが、そのほかにも冬場の作目を模索中である。

水稲直播は前回と同じ３割だが、面積が増えている。主食用米の36％、飼料用米の90％が直播である。直播は04年に３haから取り組んでいる。従来の還元鉄をもちいたコーティングに対して酸化鉄を用い（播種時の急発熱の回避、主芽の早期化)、法人が作成した「手引き」を地域にも配布している。

コメ販売は、2014年当時は全て直売していたが、現在は農協にも４割ほど出荷している。直売先は地元中心で、温泉旅館、病院、地元スーパー、食堂、ネット販売で、地元旅館が最大である。小其塚は「環境のバロメーター」ともいわれる河骨（こうほね）が水路に自生し、地域のシンボルになっており(圃場整備に際しても専用水路を設ける)、コメは「こうほね米」ブランドで販売している。

④作業

雇用は臨時を年間延べ500名ほど入れている。集落営農組合の８戸からの男女の出役が主である。2020年より集落営農組合員の子弟（33歳）１名を雇用予定である。脱サラ就職だが、従業員として株主化するかは未定である。

2014年当時は、水稲の管理作業は半分程度を集落営農組合員に委託し、転作も集落営農組合員８名がエリアを決めて取り組んでいた。現在は管理作業の８割は法人で行い、残りを集落営農組合員に委託している（水管理10a1,500円、畦畔管理込みで3,000円で不変)。

---

(32) 借地期間は前回も今回も聞き漏らしたが、地域ではそもそも期間は問題になっていない。

⑤今後など

2018年度の販売額は4,100万円（コメが80％、作業受託14％）、助成金・交付金が1,300万円弱で、ギリギリ黒字である。2018年は未曾有の大干ばつでコメは10a120kgの減収、2017年度より1,000万円の減収だが、通常年だと経営的にゆとりがあるという。米が中心なので収入保険には加入しない。

法人は、2016年度の産地パワーアップ事業（建物30％、機械施設50％補助）で70ha用ライスセンターを建設（これにより飼料米の籾摺り調整23haを受託）、2020年度の同事業で米低温倉庫併設精米所を建設予定で、精米販売を計画している。

規模目標は80ha程度で、集落80haの相当部分が法人に集積されるのではないかとみている。近隣集落からの依頼も増えており、100haの可能性もあるとみる。

協業集落営農―D2.ほうのさわ（川西町大字朴沢、農事組合法人）

①経過

農協の支店跡を事務所として利用しており、かつての町営放牧場に隣接。現在は採草利用され、肥育畜産団地（５戸）、堆肥センターにも隣接している。中山間地域に属し、鳥獣害も多い。総戸数53戸で販売農家は30戸程度、耕作反別は100haになる。

1989年に地域にカントリーエレベーターが作られ、26戸でコンバイン利用組合を設立した。91年に育苗・田植えの共同化、94年に受託組合化してオペレーター農家８戸と委託農家に分ける。07年にオペレーター農家８戸で特定農業団体化し、補助事業でコンバインを更新した。春・秋作業を協同し、管理作業は個人で行い、従事分量配当に反映させた。

2012年に５年後法人化の方針に従って、７名で農事組合法人化した。２年後に１名が加わり、２名が死亡し、現在は６名の構成員である。元からの構成員は62～66歳（平均63歳）である。後からの参加者は54歳で、土地改良区の役員を務め、冬場は除雪作業に出る。

組合長（66歳）は、町議、JA山形おきたまの農協理事５期、最後は副組合長として農協再建に尽力した。

②農地

圃場区画は最大で20a程度、15〜20aが多い。

経営面積（利用権設定面積）は50haで、構成員の所有地と構成員が借りて法人に持ち込んだ面積が半々である（持ち込み面積の半分は地区外からの借地）。小作料は10a9,000円、水利費10a4,800円を法人が負担するので、支払い側からすれば13,800円になる。一人暮らしの人もいるので地代を9,000円以下には下げられないとしている。

一部は農地中間管理事業を通しているが、地域集積協力金はもらっていない。よい制度ではあるが、12月締め切りは冬場に多い農地移動にふさわしくない。耕作放棄地は断っている。受け入れると自分たちの首をしめるということで、山に返した方がいいと考えている。

作業受託が稲刈り20ha、ソバ収穫30ha（町内一円）で、10a料金は14,000円と6,500円である。

③作付

主食用米35haとソバ転作15haであり、飼料用米や直播はやっていない。個別にWCS、キュウリ、ネギに取り組む構成員はいる。収入保険には取り組まない。

④作業

オペレーターは構成員全員が従事する。女性は法人作業に参加しない。そもそも「二人分の給料は農業では取れない。一軒で農業従事は一人でいい。女性は外で働いてもらおう」ということで組織化したという。

水・畦畔管理は構成員が持ち込み面積を分担し、個別の報酬は「ざっくりでいい」ということで決めず、年平均10a当たり85,000円の報酬を「管理費」名目で支払う。ソバは定額で10a当たり45,000円である。

春秋作業に３名の臨時雇用が入る。Aさん（38歳）…組合長の次男で、クルマの整備士として常勤していたが、後継者として米沢市からの通勤農業に転じ、12月中旬から３月までは整備士の仕事を続ける。Bさん（49歳）…東京から地域おこし協力隊員として地域に入って定着。Cさん（55歳）も元協力隊員。この二人は冬場は構成員が経営している別の法人でネギの出荷作業に従事する。時給は1,250～1,300円。農繁期作業には雇用をいれる必要があるが、冬期は他法人等の働き口があるので常勤化せず、冬場の就業先確保としての園芸作等を導入する必要もない。

その他に女性１名が他の３組織と合わせて事務を担当する。

⑤今後など

販売収入は4,700万円、営業利益は600万円の赤字、営業外利益900万円で、従事分量配当400万円を出している。前述のように「農地管理費」名目で3,000万円を反当管理費として支払っているので配当は少なくなる。

今後については、組合長としては長男に２～３年で経営移譲する予定である。そうすれば構成員名義も変わることになろう。雇用者にも経営者になってもらうが、トップは元の構成員から出ることになるだろうとしている。

圃場整備事業は既に申し込んでおり、中山間地域なので優先採択されるだろう。その地元負担もあるので規模拡大を考えざるをえない。これまで作業受託にとどめて農家が離農しないようにしてきたが、それが難しくなれば、規模拡大する。

コメ戸別所得補償については、組合長の妻が職場で、「百姓はコメをつくればカネをもらえる」と言われ、悔しい思いをした。百姓のプライドを傷つける制度だ。安定した価格の下で、後は自分たちの努力次第というのが良い、という意見である。

農協子会社組織―E1.あつみ農地保全組合（鶴岡市あつみ町、株式会社）

①経過

旧あつみ町が位置する庄内平野と村上市との間は、海岸線まで山が迫っている。その山に向かってあつみ町の水田600haが散在する。多くは減反前の開田で、沢水を使った10a未満の田んぼである。

平成に入った頃から山間部の荒廃地が目立ち始め、2010年頃には里近くまで拡がってきた。農業委員会が農地パトロールに取り組んだが、復旧には至らなかった。そこでJA庄内たがわのあつみ支店に準備委員会が設置され、農協理事、行政の支所長、生産組合長会、認定農業者会、女性部、青年部の代表等が2年間検討し、2014年にあつみ農地保全組合が立ち上げられた。農協が100万円のうち94％を出資する株式会社（農協子会社）のかたちにした。残りは生産組合長等6名が出資した。

地元の農協理事（66歳、経済連OB）がトップを務め、野菜担当の70代の女性、ソバの受託をしている60代の男性の3名が取締役を務める。長らく農協営農指導員をしてきた者（45歳）が統括管理部長を務め、実質的な経営を担っている（出向のかたちで最初の5年間は農協が給与の半分を負担した）。

②農地

組合は地域に、チラシで「荒らさないで！ その田んぼ　休耕田の管理お任せください!!」と呼びかけている。経営面積は、2014年22ha、15年31ha、17年44haと増え、2019年は51ha程度である。圃場は町内29集落の全てに分散する。地権者は総勢200名程度になる。用水は沢水を使い、排水は悪く、段差が大きく畦畔率は高い。

その半分は利用権の設定で期間は10年、残り半分は1年ごとの特定作業受託である(33)。利用権は農地中間管理事業を通しているが、圃場が分散しているため地域集積協力金の対象にならない。両方とも小作料は、単収500kg以上は3,500円、未満は3,000円、水利費はそもそもない。10a程度の地権者も多く、小作料をさらに下げるのは忍びないとしている。

これまでに申し込みを断ったケースは3件のみで（沢に飲み込まれてしまった田んぼ、途中が林道で危険な場所等）で、原則は断らないようにしている。圃場の1割は山林にかえっていたが、他は少し前までは耕されていた。

---

(33)主な理由は、相続未登記、不在地主（関東・北海道等に15名）、市街化区域（2ha程度）、高齢で手続きが面倒、である。これらについては集落代表に間に入ってもらう。

復旧を要する田んぼは、作れるようになるまで小作料ゼロにしている。作業受託を春作業10ha行っている。

③作付

ソバ30ha、主食用米10ha、野菜（わらび、アスパラガス、枝豆等）７～８ha、大豆3.5ha、自己保全２ha程度である。排水不良からソバを主作目にしている。主食用米の単収が地域平均8.2俵のところ７俵台に落ちる。全量JA出荷したうえで、３～４割は買い戻して温泉旅館等への販売やパックライス（レトルト食品）２万パックを販売している。「今は地元の米が売れる時代だ」。飼料用米は単収が低いので取り組まない。

資材はJAからの購入である。運転資金の確保に苦労するが、農協は支払時期の若干の融通が利く点が有難い。

④作業

常勤は、先の部長のほか男性29歳（Jターン者で地域おこし協力隊員だった）。非常勤が45名、60、70代が主である。女性が25名と多く、主に野菜を担当している。地域別に６班に分かれて作業し、班長が「顔の見える関係」で地域に声がけして募っている。冬場の12～２月は、わらびのポット苗の準備等を除き仕事がない。時給は主作業1,020円、補助作業820円である。

ユニークなのは主食用米生産である。これは組合が借りた圃場の近くの農家に作業（経営）委託している。受託者はほぼ11名で、最高年齢は76歳、30代、40代も各１名いる。報酬が作業料金支払いと定額月給制に分かれる。後者は単収に応じて、７俵59,000円、８俵72,000円、９俵86,000円等に設定し、月給制で支払うようにしている。毎月おカネが入るということで奥さん方が喜んでいるという。組合はこの方式を「雇用農家」制と呼び、「月額定額収入、サラリーマン並みの社会保障（厚生年金、社会保険）」をうたい、「中核農家を育てる新たな仕組み」と位置付けている。

⑤今後など

2018年の経営収支は、販売額が2,300万円、営業外利益2,800万円で、750万円の経常利益をあげている。いろんな作物に取り組んでいるので収入保険に加入した。

地域農業のあり方については、行政の支所、JAの支所営農課と当組合等で、2016年に「あつみ農業ビジョン2025」をたてた。農業の担い手を、①「文化としての農業を守る」自給的農家…216名108ha、②「職業的農家」…現状8ha以上の農家6名を12名に増やして140ha、③30haの集落営農法人5つを立上げて150ha、④残りの受け手のない農地242haの9割を組合が受け、残りは戦略的撤退、というものである。

③については既に組合からのれん分けした集落営農20haが一つあるが、②③はなかなか進まず、④のみが増えている。そこであつみ町一本の人・農地プランを作成する2030年ビジョンを検討している。

組合としては、今のところ非常勤は足りているが、事務を担当する常勤職員1名確保したい。圃場分散がネックになっているので、圃場整備に取り組む「オールあつみ」の新組織を立ち上げたい。圃場が分散しているが、一定地域として面積がまとまっている場合は、農地中間管理事業の助成金対象にして欲しい。ソバは助成金依存なので早く脱却したい。コメの低コスト生産、枝豆等の土地利用型の新規作物へのチャレンジを摸索する。翌年の価格・収穫が予想可能ということで、コメはやはり安定的である。温泉地の立地を活かし、パックライス等の6次化を進めたい、としている。

3．山形県の集落営農法人の特徴

集落営農から地域営農へ

第一に、集落営農といっても、農業集落（むら）を基盤としエリアとした組織は2つに過ぎず、その他は大字（藩政村）以上の大きさのエリアである。農水省「集落営農実態調査」(2019年）では1集落からなる集落営農が74.2%を占めるので、かなり異なる[(34)]。

---

(34) このような結果には、本報告が法人成りした事例のみをとりあげたこと、あるいは山形県の大字が比較的小さい可能性がありうる点が作用しているかもしれない。

それはもはや「集落営農」というよりは、「地域営農」と呼ぶにふさわしい。その意味で先の「山形県地域営農法人協議会」という名称は適切である。日本農業の協業経営は、1970年代以降、1990年代以降、現段階の各時期における事態への適合形態として〈生産（者）組織→集落営農→地域営農〉と推移してきたといえる（一つの組織の「展開」や「発展」ではなく）。

第二に、経営規模も比較的大きなものが多い。最低でも30ha規模であり、巨大な枝番タイプを除いても単純平均で77haである（協会平均が57haだったので、大き目な組織を選んだ可能性はある）。

第三に、常雇を入れている組織、入れる予定の組織、春秋の臨時雇が定着している組織が2/3に達する。常雇を入れた場合には冬期就業の場として施設園芸作を取り入れるケースが多い。

以上の大字以上エリア、大規模性、常雇導入、園芸作（施設園芸）との複合という四つの特徴は相互規定的である。

第四に、法人形態としては農事組合法人が大半を占め、組合長等の組織代表は農協OBや農業者が多く、農業色・農協色が強い。集落営農に農業色が強いのは当たり前だが、前節の山口県のように、意外に生粋の農業者がトップに座る事例が少ないのも事実である。また農協OBの関与も全国的に言えるが、その度合いが相対的に強い。なお、構成員は少数、規模は大きい、少なからぬ雇用という点を考えると、株式会社形態の方がふさわしいと思われる例も見られ、また現に株式会社化志向もみられる。

第五の特徴は、その性格の複合性という点である。冒頭で５タイプに仮に類型化したうえで、事例紹介をしてきたが、現実の組織はさまざまな性格をあわせもっている(35)。①後述するように枝番組織は単なる枝番管理ではな

---

(35) 西川邦夫『日本の農業249　庄内農業の構造変動の特質』（農政調査委員会、2016年）は、鶴岡市における２つの集落営農を農業構造との関わりで取り上げた点で参考になるが、そこでの「稲作処理型」は今日においてどれだけ一般性をもつのか、「政策対応型」はほとんどの集落営農について言えるのではないか。

く協業を内包している。②転作組織も転作作業受託組織、土地利用型畑作転作（大豆、麦、ソバ等）、園芸作転作など多様である。③生産者組織と協業集落営農も構成員の多少で機械的に分けたものに過ぎず、連続的である。④中山間地型を設けるか迷ったところであるが、中山間立地の組織は、転作や協業が多いという共通性格をもっている。その点では西日本の集落営農と同じ性格を有する。いいかえれば中山間地域で東西を問わず協業集落営農が展開するといえる。

農業政策と集落営農

集落営農の政策依存性が指摘されてきたが、協業は人の意識的行動なので、そもそも政策が関係する余地が大きい。その意味では政策依存的か否かではなく、問われるのは政策展開の時宜性と農家サイドの対応の地域的適合性である。

①農業構造改善事業と生産調整政策

後述するように、集落営農の設立・法人化には品目横断的政策や農地中間管理事業への対応という面が確かに強いが、数ある集落のなかで特定集落のみが組織化するにあたっては、その前史の有無が大きく作用する。

まず農業構造改善事業等による圃場整備に付随して、県事業として機械導入のための補助政策が打ち出され、その採択要件として受託組織化が義務付けられたことが出発点になっている事例が多い。それ以前からの共同田植え等の取り組みもある。とくに山形県（農協組織）ではコンバイン導入に伴う「コンバイン利用組合」（名称は様々）の組織化が大きかった。庄内地域はその典型とされるが、山形地域でも同じである。

ついで米生産調整政策に伴う転作組合の組織化がある。

以上では、日本の農政が、機械等の資産形成をともなう補助事業対象を複数農家（集団）に限定したり、「むら」の社会的規制力に依存して圃場整備事業や転作政策を遂行したことが強く関連している。

地域の政策受容にあたっては、とくに山形県では単協の指導力と、集落営農にかかわろうとする農協OBが多かった。前述のように生粋の農業者を長とする組織化も一つの特徴だった。

②品目横断的政策と農地中間管理事業

事例においても、2006・７年頃の品目横断的政策（経営所得安定対策）の要件をクリアするために特定農業団体化し、ついでその５年後法人化を強く義務付けられ、十年後前後の2010年代半ばに農地中管理事業の地域集積協力金を得るために法人化した例が一般的である。

前者については２つの面があった。一つは個別経営で４haという要件をクリアできない農家も政策対象に組み込むための集落営農化である。主として４ha以下の農家が集落営農に参加し、それ以上の規模の農家は個別経営にとどまった例が多かった。しかしA2のように、参加者の半数は４ha未満だが、半数は４ha以上であり、７ha以上も１割以上いた事例もある。これらの農家も高齢化と後継ぎ欠如に悩んでいたのである。

もう一つは、同じくA2にみられたが、集落営農の20ha要件をみたせない集落の政策対象化である。これは農協下部組織としての集落基盤の生産組合を統合しつつ大規模な集落営農をめざす動きとなった。その場合、どのエリア（規模）で法人化するかが絶えず地域の検討課題になり、また協業を伴わない枝番組織化の一因にもなった。

後者については、任意集落営農を法人化≒地域集積協力金という「ふるい」にかけた。以上の２つの政策がなければ集落営農やその法人化はなかったかも知れない。とくに法人化についてはそういえる(36)。

(36)「集落営農の衰退」（安藤光義「平成期の構造政策の展開と帰結」、田代洋一・田畑保編『食料・農業・農村の政策課題』前掲、172頁）が指摘され、とくに佐賀県と山形県では大規模組織経営体の減少が大きく、「酒田市の集落営農は最大で89を数えたが、そのうち40組織は解散してしまった」（同「縮小再編が進む日本農業」『農業と経済』2020年３月臨時増刊号）という。品目横断的政策の、経理・販売の一元化までは（枝番で）対応できたが、法人への利用権設定という自作農としての自己否定には耐えられなかった農家がというべきか。とすればそれは直ちに農業の「衰退」や「縮小」を意味するものではない。

③直接支払い政策の比重

農地中間管理事業の地域集積協力金は一度限りの法人化踏み切り料（→固定資本投資）だったが、生産調整政策や品目横断的政策（経営所得安定対策）を通じる直接支払い（経常補助金）は経常補助金化し、とくに大規模集落営農の支えになる。それは、集落営農の農業所得[37]をどれくらいカバーしているか（経常補助金/農業所得）を例示すると、A3…116%、A4…34%、B2…111%、C1…115%、C3…20%、D1…97%、D2…23%と、100%前後（ほぼ農業所得を経常補助金で賄う）と20～30%の両極に分かれた。概して規模の大きい組織や平坦部の組織はカバー率が高く、規模の小さい組織や中山間地域で低いが、それぞれ例外がある。大規模組織の補助金依存度が高いことは全国的な傾向であるが、常雇を取り入れて組織においては賃金ファンド確保は死活条件になる。山形の特徴は、むしろ規模の割に補助金依存率の低い組織が存在することである。

経常補助金の大宗は生産調整関係が占めるので[38]、カバー率の差は転作目（非主食用米を含む）の選択に規定されることになる。そしてそのことは、次に見るように作付けを左右し（振り回し）かねない。

規模と作付けの変化

③規模拡大効果

多くの集落営農は、自らエリア・拠点内の「農地を守る」ことを本旨とし、それを越えて規模拡大する意向は必ずしも持たない。いわば「内を固める」意向である。その意味でも所与としての集落・大字の面積規模の差が規定要因になる。

現実にはどうか。追跡調査した法人のうち、枝番や組織再編したものを除

(37) 各組織の損益計算書から、販売費に含まれる人件費、製造原価に含まれる作業委託費・労務費・支払い地代、剰余金（従事分量配当等）を農業所得部分とした。

(38) 拙稿「平成期の農政」田代洋一・田畑保編『食料・農業・農村の政策課題』（前掲）。

く４法人についてみると、面積規模の変わらないA4、B2と、規模拡大したB2（５年前の100ha→150ha）とC3（35ha→52ha）に分かれる。大字エリア、雇用導入がその背景である。

農政が期待する規模拡大効果については、集落営農法人化の初期効果はあるが、継続的な効果は必ずしもない。そもそも、前述のように集落営農法人は規模拡大を目的としたものではなく、むしろ地域農地保全（耕作放棄地の予防・解消）効果こそが評価されるべきだろう。

②園芸作を軸にした集落営農の後退

前回の調査（2015年前後）では、後継世代の確保や高齢・女性の就業の場として園芸作（露地）を導入し、協業で取り組む集落営農がみられた。その点を踏まえて本節でも園芸作を軸にした協業集落営農を一つの類型として立てようとしたが、結果的にはやめた。追跡調査の結果として園芸作の位置づけが後退しているからである。後退の理由は集落営農においても避けがたい高齢化により、手間のかかる園芸作が困難になっていくからである。その例がA4のニンジンやB3の小菊・ストック栽培の後退に典型的にみられる。高齢化に伴う集落営農の作目単純化である。

③生産調整政策への対応

A3では、転作は麦から大豆へ、そして８年前から飼料作へと転換してきた。今や水稲の３割は飼料作が占める。

A4では大豆転作から飼料用米へのシフト（大豆は雑草対策が大変で収量不安定、主食用米の機械が使える）、C3では飼料用米の増大がみられる（直播対応）。奨励金との関係で、作り慣れた省力・低コストの水稲作に回帰しているわけである。

逆に飼料米に取り組んでいない集落営農の事例として、近くに畜産農家がいない（B2）、中山間地域で収量が低い（C4、D2、E1）等の事例がある。

同じ中山間地域でもC1は、同じ低収量ながらも、主食用米は近くの条件不利の圃場でないと作れないということから、主食用米を上回る飼料米生産を行っている。町営繁殖牧場があり耕畜連携ができるという事情もある。

条件不利な開田地帯で転作に取り組むことを目的に作られたC2は、加工用米や飼料用米が優遇されるという政策転換に振り回され、組織再編を経験している[(39)]。政策関連で設立された集落営農組織は政策に「振り回される」宿命をおびることになる。

総じて作付けの方向としては、米作回帰的であり、それが主食用米に行くか飼料用米に行くか否かは米価と補助金次第である。米作回帰が他方での常雇確保と両立するかが問われる。

枝番集落営農の位置づけ

①枝番組織の機能と本質

４ha未満だがなお相当面積を耕作する、かつての「中堅自作農」が層をなして存在する東北等では、枝番集落営農が多いとされてきた。枝番型集落営農は、しばしば助成金目当てに要件だけ整えた協業なき集落営農というマイナス・イメージで捉えられてきた。

確かに枝番集落営農は、品目横断的政策が規模階層選別的に仕組まれたために、それをクリアする目的で地域や農協が編み出した方式であり、選別政策が採られなければありえなかった可能性が強い。枝番集落営農は法人化に耐えずして解散する事例もあるが、法人化しつつ枝番方式を継続する組織は、次の二点で注目される。

第一は、農協が旧村規模を越えて広域化し、旧村農協が信用・共済支店化するなかで、営農面での「小さな農協」を組織して水田農業を経営管理する

---

(39) 同法人は、「転作の本作化」が言われた時代に、藩政村が有する台地の開田地帯の転作を目的に有志４戸で有限会社として設立され（2003年）、大豆、小麦、ソバ、アスパラガス等の大規模転作に取り組んでいたが、転作政策が飼料米や加工米にシフトするなかで、大規模アスパラ転作等の定着をみないまま、2011年に事実上、１戸による法人に再編された。

(40) 盛岡市都南村の「農事組合法人となん」も典型例の一つである。拙著『地域農業の持続システム』（前掲）83〜89頁。その最近の動向については日農2020年７月24日「集落営農　生き残り戦略」①を参照。

点であり、その経営管理が枝番管理方式と言える[(40)]。その上で農協が機能支援する動きもみられる。

第二は、基本性格を枝番管理としつつも、そこに協業や連携が芽生えつつある。

例えば、「純粋集落営農」を自称する遊佐町の法人についてもそういえる。既にA1は法人直営で水稲に取り組み、畑地では施設園芸にも取り組んでいる。

A2の場合は、法人として若手確保を図るために、明治村規模での大規模法人化により多額の地域集積協力金を確保し、園芸施設を構築し、常雇を入れている。その作業の取り組みをみると、①防除、大豆刈取、乾田直播等は別の受託組織に委託する。②水稲収穫作業は、下部組織にあたる営農組合（大字程度）の下に組織された作業班（集落程度）で取り組む。③施設園芸は常雇が担当する。④構成員農家に残される作業の核は水稲移植栽培の水管理・畦草刈になる[(41)]。

そこから、第一に、枝番組織が、様々な協業を取り込み、また他組織との補完関係の中にあることは、「枝番」方式が集落営農法人のあくまで部分的な性格をさすに過ぎないといえる。枝番管理組織が、そのなかに協業や雇用を取り入れていることは、枝番組織が一種のインキュベーター機能を果たすことを示す。

第二に、枝番組織において構成員農家に残された④の水稲管理作業は、コメの出来を左右するものとされてきた。そこには圃場の地力と農業者の熟練が反映する。これまでも多くの集落営農において、利用権設定を受けた圃場の水管理・畦草刈を地権者に再委託し、小作料を上回るような相対的に高額の報酬を支払う事例がみられた。その水準は2010年代半ばから下がりつつあるが、本節の事例にもみられる。

枝番管理はまさにその圃場差や個別差を評価・反映させる（尊重する）仕

---

(41) 例えば枝番方式のA4では、水稲移植栽培そのものを個人で行うことにしている。逆にB2は、地力も持ち込み面積も大差ないので枝番管理する必要がないとしている。

組みであり、総体としての土地生産力を高める仕組みである。そうだとすれば、農家が水管理・畦草刈り作業をできる間は、A1が述べるように「枝番を外すのは至難の業」になり、当面は枝番管理体制の中で何を（準備）するが課題になる。

②枝番管理と農地管理

その一つとして農地権利の枝番管理がある。枝番集落営農に限らず、集落営農法人化に際しては、農家間で行ってきた貸借関係（構成員と構成員外、構成員間）が構成員農家によって組織に「持ち込み」されてきた。

法人化以前は、農家間の利用権設定関係であり、農家台帳にも記載される〈地権者→耕作者〉の直接的法的関係が、法人化と農地中間管理事業の利用に伴い、〈地権者→農地中間管理機構→法人…→耕作者〉という間接的関係になり（…は契約関係を伴わない)、耕作者の農地持ち分は法人内で枝番管理される（だけの）ことになる。

それこそ、集落営農法人による農地の地域管理だという位置づけもあれば、権利関係として不安定だから協業集落営農化して法人への利用権設定を内実化すべきという位置づけもありえよう。いずれにしても枝番管理が相当期間にわたる以上は、耕作者の権利を損なわない農地の適切な枝番管理が求められる。

③枝番組織のこれから

枝番組織には二つの協業が装てんされている。第一は、水稲協業である。構成員が高齢化して管理作業も困難になる中で、一方では周辺の構成員が持ち分を引き受けて規模拡大する方向と、他方では水稲の直営を設けることである。直営の形をとったうえで、希望者に再委託する場合もみられる。そして高齢化の進展とともに徐々に直営部分が増え、枝番組織から協業組織への長い移行過程が進行することになろう。

第二は、雇用による施設園芸部門の開始・拡大である。それは組織の後継者確保をめざしたものともいえるが、施設園芸で確保した雇用者が水稲直営部門の後継者にもなることは、漠然とは期待されながらも現実には難しいかもしれない。その場合にはいずれ直営水稲部門においても雇用の必要性が生まれてくるだろう。

これらの水稲直営や施設園芸の導入は、枝番管理を主任務とする組織にあって、協業のパン種あるいは橋頭堡になり、協業集落営農への展開を促すことになるが、それは構成員の高齢化との関係で長短の時間を要することになる。

協業と連携のコンプレックス

①協業の多様な編成

法人に利用権設定された法人の経営農地の全利用について構成員（および雇用者）による協業がなされているケースは、本事例の協業集落営農についても無い。また枝番集落営農においても様々な協業の取り組みがなされていることは前述した（A1、A2)。

A3は、水稲については、春作業は構成員協業（臨時雇用)、秋作業は刈取組合委託、水・畦畔管理は個別作業を組み合わせている。

A4は、水稲の直播は協業、移植は個人、管理作業部分は個人、収穫は協業、転作大豆は播種と刈取は協業、その他は個人、園芸作は法人内の部会協業である。

B2は、主として常雇を中心とする雇用者協業を構成員世帯からの臨時雇いが補助する。B3は、水稲は個人だが、単純に持ち込み水田の箇所を担当するのではなく、持ち込み面積に応じて担当圃場を再配分する。収穫は共同で行う。花き栽培は協業。

C1、C4、D1は構成員と雇用者の協業。C1は水管理の一部は地権者にエリアごとに委託。D1は元は水稲は構成員にブロックごとに委託していたが、高齢化と機械の破損で現行方式に移行。

D2とE1は常勤と多数の臨時雇用者の協業。D2は主食用米の水・畦畔管理を構成員の持ち込み面積割合での分担制とし、管理費85,000円を払う。E1は地域別に６班に分かれて取り組むとともに、主食用米生産を地権者農家に月給制で委託し、最高額は10a86,000円で、それは奇しくもD2の管理費とほぼ等しい。ともに協業と定額制経営委託の組み合わせである。

つまり、枝番管理のみで協業なし、あるいは全作目・作業の協業といった純粋型はみあたらず、地域や法人の状況に合わせて、作目・管理の分担、作業工程の協業と個人作業の組み合わせを行っている。それができることが、集落営農法人に組織したことのメリットといえる。

②他組織との連携

庄内における枝番集落営農がコンバイン刈取組合に作業委託している点は前述した。刈取組合は、集落営農よりかなり以前から先行して活動する受託組織だが、現在では、集落営農構成員が有力メンバーとなり、集落営農に加わらなかった規模の大きい担い手農家とともに支えている。大規模枝番集落営農が協業組織を飲み込んでしまうのではなく、連携して地域農業を支える方式だと言える。

D2は相当面積にもかかわらず常雇を採用していないが、農繁期常勤ともいえる臨時雇用を複数抱えている。彼らは冬場は他産業に従事したり、法人構成員である農業者が経営する野菜の法人に雇用されたりしている。通常であれば、通年雇用化のために法人が園芸作等に取り組むわけであるが、その冬期就業先を他法人が用意することで、D2は園芸作には乗り出さないですんでいる。法人連携による通年的な雇用者確保策ともいえる。

総じて地域営農システムのなかで、その有力な一翼を担う集落営農といえる。

③常雇の確保

調査した過半が常雇を確保し、多いところでは14名にも達している。3つの法人は農業担当の女性も常雇している。雇用者はハローワークを通じての確保が多く、少数ながら農業高校、大学校卒の若手もいる。また農の雇用事業の利用もある。常雇は必ずしも農業経験者ではなく、B2は彼らを「農メンズ」と呼んで役員層が研修に励んでいる。

調査の限りでは、雇用確保に苦労した話はあまり聞かない。東北の集落営農と地域労働市場の未熟との関連がよく指摘されるが、本調査では不明である。また必ずしも地元雇用ではなく、近隣市町からの採用や通勤が多い。地域おこし協力隊員の派遣先定着もみられる。給与水準は手取りで月15万円前後で、地域平均的とされている。

集落営農法人における雇用管理は今後の重要なテーマになる。

地域的特質と歴史的位置づけ

①山形の集落営農の特質

農林統計における集落営農とは、「一つの集落を基本的な単位」とし、「概ね過半の農家が参加」（「例外」として他集落からの参加や複数の集落を単位）して、「農業生産過程の共同化・統一化に関する合意の下に実施される営農」と定義されている(42)。

これは恐らく、主として西日本において先発的に展開した集落営農の実態に基づいており、東日本には必ずしも当てはまらない。調査事例のうち、この定義が当てはまりそうなのは、せいぜいD1とB3程度ある。

では調査事例は集落営農ではないのか。それは定義によりけりである。筆者は「集落等の村落共同体との関わりにおいて協業を実現し、または実現しようとする組織」と定義する。ポイントは、「村落共同体との関わり」であり、「関わり」とは具体的には「呼びかけ、話し合い、了解」である。

冒頭に見たように、1970年代より自作農の自己完結性が崩れるなかで、作業受託を軸とする生産組織化が始まった。その多くも地域との「関わり」をもったが、それが必須ではなく、生産者側の必要性が先行した(43)。

1990年代からの「集落営農」は、協業体の形成という内実に変わりはない

---

(42) 集落営農の概念や定義の整理については、拙著『地域農業の持続システム』（前掲）第１章第１節。

(43) その個別農家側からの事情（女性・後継ぎの農外就労に伴う組作業崩壊）による組織化を強く意識したのが梶井功の「生産者組織」論だった（『梶井功著作集第三巻　小企業農業の存立条件』筑波書房、1987年、原著は1973年）。それは地域普遍的というより、残存する一部上層農にとっての必要性（「小企業農の存立条件」）であり、多分に東日本的な状況だった。

が、個別農家ではなく地域レベルで高齢化・後継ぎ欠如が普遍化し、作業受委託ではなく賃貸借が一般化するなかでの地域の必要性に応じた組織化だった。その典型が西日本であり、東日本にも及んだといえる。

そのようにみれば、調査事例は、いずれも地域への呼びかけ、話し合い、了解のもとに組織化されたものであり、西日本のそれに連なる集落営農だと言える。そのうえで東北的、より限定的に山形的な特質は何か。その第一は、組織の活動範囲（エリア）の農業集落（むら）を超える大字や明治村規模の広域性であり、第二は構成員の少数性である。両者は一見して矛盾するようだが、そうでない点については後述する（→③）。

なぜ広域なのかは、大平野部の展開という物理的な面もあろうが、東北では前述のように「むら」よりも「いえ」が強く、３世代直系家族とその本家・分家関係が展開してきた。「むら」より「いえ」の強さは、農業集落（むら）の相対的な弱さと本百姓筋の藩政村（現在の大字）直結的な村落共同体の特質をもたらしたといえないか。

同時にそこでは、西日本のような「ぐるみ」組織の展開は難しく（「本家」と「分家」の「ぐるみ」？）、展開した場合にも新たな困難を生む（→次項）。結果的に、「集落営農」は、少数本家筋農家（の後継世代）の連合やイニシアティブのもとに展開しやすい。調査事例でみると、C.少数生産者組織が典型であり、それにD.協業集落営農が接続する[44]。

明治村に及ぶような枝番方式集落営農はその対極のようにも考えられるが、そうではない。枝番が生まれる一つの背景は、前述のように、品目横断的政策の政策対象下限としての４ha前後のかつての「中堅自作農」が層をなして存在し、それらの層はまだ自作可能あるいは少なくとも管理作業は自作可能だが、高齢化し後継ぎもいないという状況のなかで、リスクヘッジとして

---

(44) 少数農家による組織化という点では前注の梶井の生産者組織論に通じ、本稿でも「少数生産者組織」としたが、それが「集落営農」に含まれるのは、たんなる生産者側の必要ではなく、「村落共同体との関わり」すなわち話し合い、了解のもとに、地域にとっての必要性を踏まえて組織されているからである。

枝番組織に入っておくことにしたからである。

いささか図式的に言えば、西日本の集落営農が「生まれ在所」としての農村生活や地域資源管理の持続性確保の必要から生まれた、いわば「『むら』からの集落営農」であれば、東北のそれは「『いえ』からの集落営農」といえよう。つまり東日本の集落営農は生産（者）組織との連続性が強い。以上の点は、次の集落営農の将来性にかかわる。

②山形の集落営農の歴史的位置づけ

比較的大型の雇用型集落営農は、前述のように〈大字集落営農→面積大規模→雇用導入の必要→周年就業のための園芸作導入〉という論理をたどっているようである。雇用の導入は、もちろん構成員の高齢化・後継ぎ欠如という背景要因もある。またこのような論理の一環として、省力技術としての水稲直播栽培や密苗栽培の導入が試みられたりし、若年未熟練労働力対応としてのスマート農業の導入がはめ込まれることになるかもしれない[(45)]。

しかし「雇用型企業経営」への移行にあっても、東北的な特質は残りうる。雇用を導入した多くの法人は、彼らが将来的に構成員になり経営者になることを期待し、あるいは見通している。しかし１法人（D1）を除いて、経営トップになることはないとしている。既に雇用者のなかから経営トップを選任している西日本との相違である。その相違は東北の場合、なお構成員農家から農業の後継ぎを供給しうる可能性をもつからである。事例においてもC1、C2、C3、C4、D2は既に構成員農家が後継世代を供給しており、将来のトップ候補を確保している。その際に複数構成員が後継者を確保しえる場合には少数生産者組織が存続し（C1）、後継者が一人の場合には個人企業化する可能性もある（C2、C4）。

③集落営農法人の合併

調査事例においても、50ha以下程度の多数参加組織では将来展望に苦慮している。経営トップは雇用を入れての経営としての確立、株式会社化等を

(45)拙稿「復興への確かな足取り―福島県南相馬市・紅梅夢ファーム」『農業協同組合新聞』2020年２月号。

必要としつつも（A3、A4）、構成員としては、雇用を入れることは自らの稼得機会を減らすことにつながり、抵抗感もある。農事組合法人形態としての矛盾でもある(46)。かくして、現実に雇用を入れるまでには紆余曲折があろうが、同時に、規模によっては安定的に複数雇用を確保する力があるかが問われる。また大字の農地の集積にほぼ目途をつけてしまった法人としては、一定規模を確保するには法人合併しか道がない（その可能性については、B3のように、高齢者同士の法人が合併しても解決にならないという見方もある）。

集落とその農地が山や谷で隔てられる西日本の集落営農においては、山や谷を越えての組織統合は効率性や地域資源管理の点からマイナスであり、第１節でみたように既存の複数法人の上にそれらの連合体法人を作る動きがあるが、それもまた必ずしも有効ではない。それに対して圃場が連担している平坦水田地帯の農業集落（むら）規模の集落営農には、大字以上規模への合併等の物理的可能性はありうる。コンバイン利用組合等がより広域展開している地域では、それが一つの手がかりになりうるかも知れない。

それに対して山あり谷ありの中山間地域では、E1のような農協職員・農協等の試みが示唆的である。中山間地域において平地と同様に面的集積を強行する構造政策は地域資源管理のうえでも好ましくないが、中山間地域だからこその必ずしも連担性を前提としない大規模集落営農の展開もありうることをC1、E1の事例は示している。このようなケースについて、政策（中山間地域等直接支払い、圃場整備補助等）は、連担化を要件とせず、面積規模のみを要件とする支援策をとるべきである。

---

(46) 農事組合法人の配分方式としての従事分量配当が課税対象となることにより、組合法人は構成員に税負担させるか、法人が負担するかの選択を迫られ、前者が現実的に難しい中では、従事分量配当から賃金支払い方式に転じることになり、その面から雇用・賃金支払いへの抵抗感は多少は薄れるかもしれない。D1はその方向にある。

第４節　まとめと課題

１．まとめ―西日本と東日本

集落営農としての同一性

本章は、西日本における「地域ぐるみ型」と東日本における「少数生産者組織型」の対比で集落営農をみてきた。そこには集落営農としての同一性と異なる面とがある。

同一性は次の点である。第一に、「集落営農」と言っても、一つの集落で構成される集落営農は少なく、少なくとも法人化したそれでは、数集落営農が多く、「集落営農」というよりは「地域営農」といった方が実態に即している。とはいえ「地域」とは様々な広がりをもつので、漠然とし過ぎるかもしれず、その意味ではいわば象徴的な意味で「集落営農」と称することの妥当性はある。

第二に、東西を問わず構成員の高齢化が進むなかで、雇用の導入が進んでいる。

集落営農は、以上の２つの意味で「脱集落営農化」が進んでいるともいえる。それでもなお「集落営農」を名乗ることの意味が問われよう。

第三に、集落営農の合併・統合は、それが一般的には必要とされながらも、現実には発生していない（ただし山口県では後述するように集落営農の連合体の設立がみられる）。

西日本と東日本

東西日本の相違点は多かった。統計も含めて指摘したい。

第一に、**表5-10**から、東北の後進性と中国の先進性が指摘できる(47)。

第二に、**表5-11**から、集落営農のサイズ（構成員数・面積）は西日本が

(47) とはいえ山口県をとればここの10年の新しい設立が５割を超える。その理由は定かではない。

表 5-10　集落営農の設立時期別割合

単位：%

	～1983 年	84～93	98～03	04～08	09～19
全国	10.2	5.9	13.4	34.4	36.1
東北	7.3	2.1	11.6	**45.5**	33.4
中国	**18.0**	9.4	16.9	18.1	37.5
山形	13.7	2.3	12.7	28.5	**42.7**
山口	5.0	7.3	14.1	20.5	**53.1**

注：農水省「集落営農実態調査」による。

表 5-11　集落営農の状況―2019 年―

単位：%、集落数、戸、ha

	法人化率	構成農業集落数	1 集落の占める率	構成農家数（戸）	集落農家に対する構成農家割合			経営面積（ha）
					50%未満	50~70%	70%以上	
全国	33.2	2.0	73.2	34	33.8	17.1	49.1	31.6
東北	28.0	2.0	73.5	34	41.1	20.2	38.7	38.5
中国	42.7	2.0	65.4	27	20.0	15.6	**64.4**	17.6
山形	27.3	3.2	65.9	34	**58.9**	23.0	18.1	44.1
山口	**70.1**	2.5	58.1	31	16.7	19.4	63.9	23.4

注：表 5-10 に同じ。

小さく、東日本が大きい。

第三に、集落営農がエリアとする地域の農家に対する構成員農家の割合は、山形県では50％以上が少なく「任意」的なのに対して、山口県では70％以上が64％を占め、「ぐるみ」的である。

第四に、山口県では構成員農家から複数の世帯員が参加する事例があるのに対して、山形県はなかった。女性が構成員になるケースもあるが、それは「家を代表して」の参加であり、家族参加ではない。「男たちの集落営農」であり、妻が関わるとしたらパートタイマーとしてである。

第五に、組織トップには、山口県では農協や行政OBが就くケースが多いが、山形県では農業者や農協OBが多い。また西日本では雇用者が次世代トップになる可能性が否定されていない。現に東広島市の重兼農場（30戸、40ha）では、前代表（79歳）から雇用者（29歳）へのバトンタッチがなされた[(48)]。山形県ではあくまで構成員農家の子弟が考えられている。

第六に、山口県では、集落営農の連合体設立がみられるが、山形県ではそれはない。他方で枝番集落営農が多いが、山口県には見られない。連合体の設立はいわば「協業の協業」だとすれば、枝番集落営農は「協業のインキュベーター」であり、協業の点では段階差がある。

第七に、集落営農化の支援組織として、山口県では県行政が前面に出ているが、山形県では農協の関与が大きい[(49)]。連合体成立は県の働きかけが強く、枝番集落営農は農協がリードしている。

以上の相違の多くは、実は山口県では構成員の農家としての世代継承性が消失しているのに対して、山形県ではなお三世代世帯としての継承性が一部農家に残されていることに起因するといえる。そのような意味での農業構造の相違が両県の間にはある。それが地域類型差なのか段階差なのかは時間軸の取り方によりけりといえる[(50)]。

２．課題―集落営農の継承性

しかし地域差は前述のように相対的なもので、両地域ともに今日では集落営農法人の相当数が、労働力的には雇用企業化していると言える。

集落営農は、平成期において、高齢化で維持困難になった家族農業を、機械作業と管理作業の分協業の地域再編を通じて維持してきた。その意味では、平成期30年（における集落営農）は家族経営から雇用企業経営への過渡だったと歴史的には位置付けられるかも知れない[(51)]。

集落営農の展開が先行した西日本では、前述のように、雇用者から組合長へ抜擢する事例も現れている。構成員であれば、集落（地権者）の一員として「自分たちの農地は自分たちで守る」ということになるだろうが、エリア外からの雇用者としてはあくまで「農業経営」として継承したわけで、生ま

---

(48) 農業共済新聞、2019年７月３日。

(49) C3のように。コメ販売等をめぐり農協からは距離を置く組織も見られる。

(50) 拙著『地域農業の持続システム』（前掲）97頁。

(51) それは昭和期・農民層分解論の延長上に集落営農を位置付けることを意味する。もっともその分解論は資本主義成立期の一齣としてのそれではなく、資本主義没落期の農業防衛的なそれである。

れ在所に住む者としての「自分たちの農地」意識が必ずしもあるわけではない。今後、条件不利な農地の保全の必要性が強まるにつれて、集落営農の論理と経営の論理がぶつかる可能性が、とくに中山間地域では強い。出身にかかわらずに集落営農の論理をどう継承できるかが課題である。

山形の法人では、まだ構成員の誰かの家に法人の後継予定者がいる。現に将来の役員候補としての構成員の世代交代も起こっている。そこでは雇用者を役員に登用することはあってもトップを任せる意識はない。言い換えればトップを構成員農家内から調達することで集落との関係が保たれ、その限りで集落営農スピリットの継承可能性はあるが、「少数生産者組織型」として企業経営の論理が優位するかもしれない。

集落営農法人は農業経営体として地域農業を守るという役割とともに、地域資源や農村定住条件を維持する役割を客観的に託されてきた。企業効率性だけでは割り切れない面である。そしてそのような面はいよいよ重要性を増している。とすれば、雇用企業経営化のなかでいかに集落営農スピリットを継承するかという新しい地域営農モデルが問われている(52)。

付記　山口県調査では、主として、やまぐち農林振興公社、溝口重治氏（全国農地保有合理化協会）、山形県調査では、主として、山形県農協中央会JAグループ山形地域・担い手サポートセンターのお世話になった。

(52) 日農は2020年４月下旬～５月上旬に集落営農にアンケートを行い、51組織から回答を得た（同紙５月22日）。それによると、①2019年度は、減収減益41.2％、減収増益13.7％で減収が55％を占めた。②困っている課題３つについては、メンバーの高齢化62.7％、労働力不足51.0％、販売額の伸び悩み41.2％など、③取組の検討・実践３つでは、新規雇用52.9％、近隣組織との作業連携・機械融通と機械・施設の増設が各39.2％で、法人化は7.8％、合併は11.8％に過ぎなかった。

あとがき

筆者は21世紀に入り、ほぼ隔年で時論集を著わしてきた。本書はその10冊目にあたる。前回で打ち切るつもりだったが、コロナ危機にぶつかり、そうもいかなくなった。10冊目については、次の三点をお断りしたい。

第一に、筆者はこれまで、主として朝日、読売、日経の三紙から一般情報を得てきたが、今回は能力的に朝日をメインにせざるをえなかった。偏りがあるかもしれず、また国内紙全体がコロナに関する国際情勢に疎いという指摘もある。

第二に、日々刻々と変る状況下で、前に書いたものを後知恵で修正しても、また古くなっても時論とはいえない。第1章は皮相苦肉の策であり、たえず軌道修正を図っていくしかない。

第三に、書名は当初「農政時論2020」とした。しかし既に2020年の影は薄い（なお冬にかけてコロナとインフルのダブルが強く懸念されるが）。そこで「コロナ危機下の」に変更したが、視点が統一できているわけではない。

「あとがき」を書いている今、アメリカ大統領選が迫り、安倍首相の顔色はさえない。本書が出る頃には時代の表層は変わっている。再校時には首相は辞職した。結果的に本書は、一つの時代の行き詰まりと、先送りされる課題を示すべき立場にたった。

振り返ると、安倍政権は平成政治改革の一つの集大成であり、それを一因とする一強多弱と政高党低（族議員消滅）を享受した政権だった。安倍は歴史修正主義的ナショナリズム（トランプ、プーチン、習近平と共通する）を根底に、グローバリズム（メガFTA）も追求する多面的性格をもち、新自由主義や対米従属一本では割り切れない。アメリカとの関係では、輸出経済成長主義（アベノミクス）のために異次元金融緩和という円安操作を黙認してもらう固有の従属要因を伴った（第2章）。

アメリカ大統領選については、チャイメリカの引き剥がしを通じる出血過多か（共和党）、自由と民主主義をめぐるイデオロギー対立の激化（民主党）のいずれかを通じる新冷戦化を見通した（第1章）。

このようななかで日欧がミドルパワーの国際的立場を強め、とくに日本はグローバリゼーション時代に固有の農業政策を固めるべきとした。

本書のタイミングがいいのか悪いかは分からないが、３年越しの集落営農調査をコロナ危機の直前に一区切りつけられたことは幸せだった。しかしそれはあくまで私的な話で、現場は今、コロナ危機下の作業困難、そしてコメ消費の大幅減による米価下落をいかに防ぐか等の問題に直面している。

各章節の初出原稿は次の通りである（タイトル略）。掲載間もない原稿を使わせていただいた関係各位に深く感謝したい。初出に対して、第２章は再構成、第４章は大幅補筆、第５章は大幅短縮している。

第１章第１節　『文化連情報』2020年６月号
第２章第１節　『月刊NOSAI』2019年２月号（「ですます」調に改め）
　　　第２節　『文化連情報』2019年７月号
　　　第３節　『文化連情報』2019年12月号
第３章第１節　『農業と経済』2020年３月臨時増刊号
　　　第２節　『月刊NOSAI』2020年６月号
　　　第３節　『文化連情報』2020年８月号
第４章第１～３節　『農業・農協問題研究』第67号、2018年11月
　　　第４節　『文化連情報』2020年７月号
第５章第２節　『土地と農業』第49号、2019年３月
　　　第３節　『土地と農業』第50号、2020年３月

第4章、第5章の調査費用の一部はJSPS科学研究費補助金基盤研究（C）17K07966330による。本書の作成に当たっては、松﨑めぐみさん（横浜国立大学）に科研費事務ともどもお世話になり、筑波書房の鶴見治彦社長には迅速に制作していただいた。ヒアリングでお世話になった方々に対してと同様、以上に対し厚くお礼申し上げたい。

2020年９月　田代　洋一

著者略歴

田代　洋一（たしろ　よういち）

1943年千葉県生まれ、1966年東京教育大学文学部卒、農水省入省。横浜国立大学経済学部、大妻女子大学社会情報学部を経て現在は両大学名誉教授。博士（経済学）、専門は農業政策。

時論集
『日本に農業は生き残れるか』大月書店、2001年11月
『農政「改革」の構図』筑波書房、2003年８月
『「戦後農政の総決算」の構図』筑波書房、2005年７月
『この国のかたちと農業』筑波書房、2007年10月
『混迷する農政　協同する地域』筑波書房、2009年10月
『反TPPの農業再建論』筑波書房、2011年５月
『戦後レジームからの脱却農政』筑波書房、2014年10月
『農協改革・ポストTPP・地域』筑波書房、2017年３月
『農協改革と平成合併』筑波書房、2018年９月（JA研究賞）

コロナ危機下の農政時論

2020年10月26日　第１版第１刷発行

著　者　田代洋一
発行者　鶴見治彦
発行所　筑波書房
東京都新宿区神楽坂２－19 銀鈴会館
〒162－0825
電話03（3267）8599
郵便振替00150－3－39715
http://www.tsukuba-shobo.co.jp

定価はカバーに表示してあります

印刷／製本　平河工業社

ISBN978-4-8119-0581-5 C0033